U0343195

紫坪铺面板堆石坝震害分析与数值模拟

孔宪京 邹德高 著

科学出版社

北京

内 容 简 介

本书系面板堆石坝抗震研究方面的专著,主要介绍"5·12"汶川地震对紫坪铺混凝土面板堆石坝造成的震害及其数值模拟成果。

本书共分 7 章,内容包括:紫坪铺面板堆石坝震害;汶川地震紫坪铺面板堆石坝的地震动输入;面板堆石坝静、动力分析方法;土石坝等土工构筑物的有限元软件开发;紫坪铺面板堆石坝筑坝材料大型三轴试验及参数标定;紫坪铺面板堆石坝施工过程的三维弹塑性有限元模拟;紫坪铺面板堆石坝的三维弹塑性地震反应分析。

本书可作为水工结构工程、防灾减灾工程、岩土工程专业的研究生教材和教学参考书,也可以作为水利水电工程、土木工程及相关专业的设计、施工和科研的参考用书。

图书在版编目(CIP)数据

紫坪铺面板堆石坝震害分析与数值模拟/孔宪京,邹德高著. —北京:科学出版社,2014.6
 ISBN 978-7-03-040634-7

Ⅰ.①紫⋯ Ⅱ.①孔⋯②邹⋯ Ⅲ.①堆石坝-地震灾害-数值模拟-研究-都江堰市 Ⅳ.①TV641.4

中国版本图书馆 CIP 数据核字(2014)第 098876 号

责任编辑:吴凡洁 / 责任校对:张凤琴
责任印制:阎 磊 / 封面设计:无极书装

斜 学 出 版 社 出版
北京东黄城根北街 16 号
邮政编码:100717
http://www.sciencep.com

北京通州皇家印刷厂 印刷
科学出版社发行 各地新华书店经销

*

2014 年 6 月第 一 版 开本:(720×1000) B5
2014 年 6 月第一次印刷 印张:13
字数:238 000
定价:65.00 元
(如有印装质量问题,我社负责调换)

前　言

地震是自然界中机理最复杂、作用最强烈的外荷载之一，其突发性、难以预测性和灾害严重性是对水工建筑物安全最为严峻的考验，修建于复杂地质条件下的高坝大库，其地震风险指数会进一步增高。

2008 年 5 月 12 日，汶川发生了 8.0 级大地震。紫坪铺面板堆石坝距汶川地震震源约 17km，坝址区震感强烈，是目前为止世界上唯一的一座遭遇强震并且坝高超过 150m 的混凝土面板堆石坝，因此其抗震安全性令世界瞩目。

尽管紫坪铺面板堆石坝经受住了这次超常地震的考验，但也发生了明显的震害，包括：发生了明显的地震永久变形；面板二、三期施工缝发生错台；面板结构缝遭挤压破坏；靠近坝顶附近的下游坡面砌石松动、翻起，并伴有向下滑移乃至滚落等。然而，到目前为止紫坪铺面板堆石坝的震害机理却尚未完全阐明。

长期以来，由于缺乏强震情况下的震害资料，高面板堆石坝震害机理的深入研究也因此受到限制，其分析方法得不到有效验证。目前，面板堆石坝动力分析广泛采用的等效线性分析方法适应于中、低强度地震的加速度反应，不能满足大坝在强震环境中可能出现的强非线性乃至破坏过程分析要求。紫坪铺面板堆石坝面板出现的挤压破坏和施工缝错台等破坏形式，在以往分析中均没有被充分考虑。因此，从等效线性分析转向强非线性和弹塑性分析是十分必要的。紫坪铺面板堆石坝在汶川地震中的震害资料为深入研究高土石坝地震破坏机理和数值模拟方法提供了一个不可多得的契机。在此基础上，发展先进的高混凝土面板堆石坝地震破坏分析方法，对揭示紫坪铺面板堆石坝震害机理，进一步类比评价我国多座待建的 300m 级面板堆石坝的抗震安全性是非常重要的，也有助于正确评估大坝的极限抗震能力、建议有效的抗震减灾方法及其加固措施。

本书作者多年来一直致力于地震时土石坝破坏机理及其抗震对策的研究。汶川地震后，在多项国家自然科学基金的资助下，开展了紫坪铺面板堆石坝震害调查、紫坪铺面板堆石坝筑坝材料特性、混凝土面板堆石坝动力弹塑性分析方法和软件开发、紫坪铺面板堆石坝施工和震害模拟等方面的研究。本书的主要目的是介绍这些研究成果，希望能够抛砖引玉，对国内同行的教学、科研和高土石坝的抗震设计起到借鉴和帮助的作用。

　　在编写过程中,大连理工大学工程抗震研究所徐斌博士、周扬博士以及博士研究生周晨光、刘京茂等在多方面给予了大力支持和帮助。在此,作者对他们深表感谢!

　　本书的研究工作得到国家自然科学基金重点项目(51138001)、国家自然科学基金创新研究群体项目(51121005)、国家自然科学基金重大计划集成项目(91215301)、国家自然科学基金面上项目(51279025)的资助,在此表示感谢!

　　由于作者水平和经验所限,书中难免存在疏漏和不足之处,敬请同行和读者批评指正。

作　者

2013 年 5 月

目　　录

第1章　紫坪铺面板堆石坝震害

2008 年 5 月 12 日,我国四川省汶川县发生了 8.0 级大地震。这是新中国成立以来影响最大的一次地震,震级是自 2001 年昆仑山大地震(8.1 级)后的第二大地震,直接严重受灾地区达 10 万 km²。汶川地震强度大、持续时间长、影响范围广,其破坏性巨大(陈厚群等,2008;孔宪京等,2009)。紫坪铺面板堆石坝坝址距汶川地震震源约 17km,坝址区震感强烈。紫坪铺面板堆石坝是目前为止世界上唯一一座遭遇强震并且坝高超过 150m 的混凝土面板堆石坝,因此系统地分析、总结大坝的震害,对指导高土石坝工程的安全性评价具有十分重要的意义。

1.1　工　程　概　况

1.1.1　概述

紫坪铺水利枢纽工程(见图 1.1)位于四川省成都市西北 60 余公里的岷江上游麻溪乡(由水利部四川水利水电勘测设计研究院设计),距都江堰市 9km,是一座以灌溉和供水为主,兼有发电、防洪、环境保护和旅游等综合效益的大型水利枢纽工程,也是都江堰灌区和成都市的水源调节工程。

紫坪铺水利枢纽工程的主要建筑物,包括混凝土面板堆石坝、溢洪道、引水发电系统、冲砂放空洞、1#泄洪排砂洞和 2#泄洪排砂洞。水库校核洪水位 883.10m,相应洪水标准为可能最大洪水,流量 12700m³/s;设计洪水位 871.20m,相应洪水标准为千年一遇($P=0.1\%$),流量为 8300m³/s;正常蓄水位 877.00m,汛限水位 850.00m,死水位 817.00m,总库容 11.12 亿 m³,正常水位库容 9.98 亿 m³,电站装机 4×190MW,保证出力 168MW,多年平均发电量 34.17 亿 kW·h。该工程等别为一等,主要建筑物等别为 I 级。其中,混凝土面板堆石坝坝顶长度 663.77m,坝高 156m,坝顶高程为 884.00m,上游坝坡 1:1.4,面板趾板最低建基高程 728.00m。面板分三期施工,其中一、二期面板浇筑顶高程分别为 796.00m 和 845.00m。汶川地震时库水位为 828.7m。大坝的平面布置和典型断面分别如图 1.2 和图 1.3 所示。

图 1.1 紫坪铺水利枢纽工程

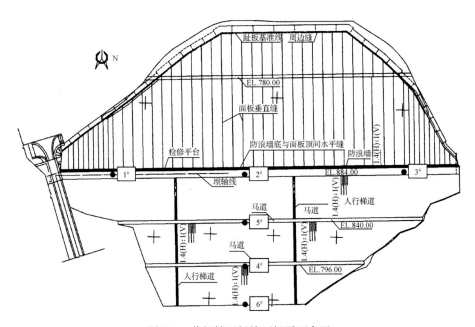

图 1.2 紫坪铺面板堆石坝平面布置

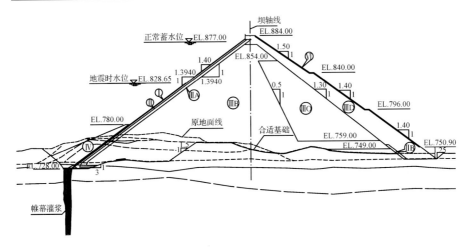

图 1.3 紫坪铺面板堆石坝典型断面

1.1.2 水文气象

紫坪铺水利枢纽坝址控制集水面积 22662km², 占岷江上游流域面积的 98%。岷江上游三面高山环绕, 高山海拔多在 4000m 以上, 上游地势西北高、东南低, 具有高山和山地地貌的特点。茂县以上为松潘平原, 海拔多在 3000～4000m, 河源至松潘西陵关之间地势平缓, 相对高差较小, 西陵关至茂县为峡谷型河道, 沿河岭谷高低悬殊, 坡陡谷深, 滩多弯急, 河床深切, 断面多呈 “V” 形, 河道比降在 10% 以上。茂县至汶川, 地面高程突然下降, 河谷较上游开阔, 河道比降约为 5%。汶川至映秀湾为高山峡谷, 河道比降约为 8%。映秀湾至都江堰河段, 岷江逐渐进入平原, 河道比降约为 4.9%。岷江上游地处龙门山断裂带, 茂县以上地质构造复杂, 地震活动频繁, 为四川省有名的高地震区。茂县至汶川一带, 岩石风化破碎, 植被较差, 汶川至漩口一带暴雨强度较大, 滑坡、崩塌、泥石流发生较频繁, 是岷江上游泥沙的主要来源区(高希章和杨志宏, 2002)。

岷江上游受地形变化的影响, 气候在地域上差异较大, 具有川西高原气候区和川东盆地亚热带气候区的特点。上游北部为寒冷高原区, 多年平均气温 5～10℃, 多年平均年降雨量 600～700mm。中部的沙坝、茂县、汶川一带, 由于地处茶坪山的背风坡, 受下沉气流的影响, 呈现干旱少雨的特点, 年降雨量为 400～600mm。映秀湾至都江堰一带, 具有盆地亚热带气候区的特点, 气候温和湿润, 日照少, 雨水多, 年降水量大, 多年平均气温约 15℃, 多年平均降雨量 1000～1600mm。

紫坪铺水利枢纽所在地多年平均气温为 15.2℃,极端高温天气 34.0℃,极端最低气温－5.0℃。多年平均降水量 1246.8mm,最大年降水量 1605.4mm,最小年降水量 713.5mm。年平均蒸发量 921.5mm,多年平均风速 1.3m/s,最大风速 17m/s,多年平均相对湿度 80.7%,多年平均日照时数 1030h。

1.1.3　地形地质条件

岷江在坝址区沙金坝河段形成 180°的转弯河曲,使右岸形成长约 1000m、底宽 400～650m 的右岸条形山脊。河谷呈不对称"V"形谷,左岸以基岩斜坡为主,自然坡度 40°～50°,右岸条形山脊地表多为覆盖层,自然坡度20°～25°。

坝址位于四川盆地西北侧,坝址以上水库回水长度 24.6km。水库以北出露地层为元古界澄江—晋宁期岩浆岩、震旦系喷出岩,水库和坝址区及以南由泥盆系—二叠系碳酸盐岩(飞来峰)和三叠系上统砂页岩组成,这些地层多数被断层所切割(宋彦刚等,2009)。

区域构造部位位于北东向龙门山构造带的中南段,基本构造主要是由平武-茂汶断裂、北川-映秀断裂、安县-灌县断裂、彭灌复背斜和懒板凳-白石飞来峰构造所组成。坝址区即位于北川-映秀与安县-灌县断裂所挟持的断块上,三条主干断裂的地震活动均具有分段性,但历史上在不同地段发生的中强地震对坝址区最大影响烈度均未超过Ⅶ度(中国水利水电科学研究院等,2012)。经中国地震局分析预报中心复核鉴定确认,坝址场地地震基本烈度为Ⅶ度,50年超越概率 10% 和 100 年超越概率 2% 的基岩水平向峰值加速度分别为 120.2gal[①] 和 259.6gal。

1.2　大坝震害

汶川地震是由青藏高原东面、向四川盆地过渡区的龙门山断裂带中,北川—映秀断裂突然发生错动引发的(徐锡伟等,2008)。从震中汶川县开始破裂,以平均 3km/s 的破裂速率向北偏东方向传播,破裂长度约 300km,北川南的地表右旋位移 6.4m,垂直位移 5.6m,破裂过程总持续时间长达 120s,震中最大烈度高达Ⅺ度(见图 1.4)。按照断层破裂的发展方向看,紫坪铺面板堆

---

① 1gal＝0.01m/s²。

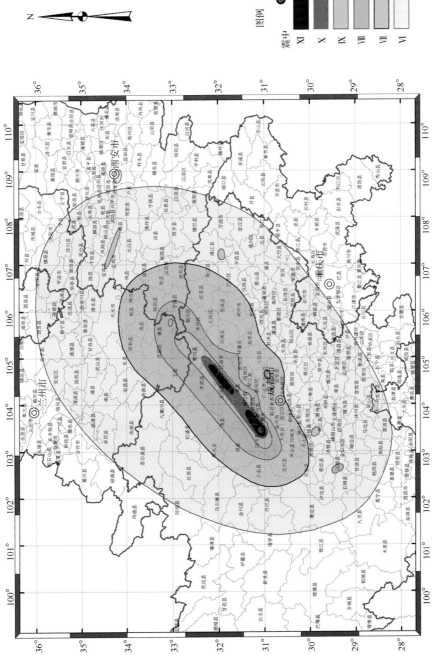

图 1.4　汶川地震烈度分布（中国地震局，2008）

石坝距破裂带约 8km。

　　由于汶川地震以逆冲为主,加剧了地震的破坏程度。地震对紫坪铺面板坝影响烈度为Ⅸ度,超过原设计地震加速度的水平(陈生水等,2008)。地震时紫坪铺面板坝水位较低,地震对大坝的挡水等基本功能没有产生明显影响,大坝经受住了这次超常地震的考验(水利部四川水利水电勘测设计研究院,2008),但大坝发生了一定的局部震损。

1.2.1　大坝变形

　　汶川地震导致紫坪铺面板堆石坝出现了明显的变形。汶川地震后大坝的震陷见图 1.5。根据安装在大坝内部断面 0+251m(见图 1.6)和 0+371m 以及大坝顶部的变形观测点(见图 1.7)的观测结果表明,地震导致大坝最大沉降值为 0.81m,位于河床中部的 0+251 断面 850m 高程处测点 V25。随后,虽然存在余震作用,但该测点的变形比较稳定,沉降量趋稳于 0.81m。震后该测点 V25 以及坝顶测点 Y7 的沉降过程曲线见图 1.8。汶川地震中,大坝内部 850m 高程观测点实测沉降值比坝顶观测点大,这可能是因为防浪墙底板下存在脱空所致。图 1.9 和图 1.10 分别为汶川地震引起的大坝 0+251 断面沉降和水平位移图。可以看出,随着高程的增加,坝体沉降逐渐增大。同时,地震还导致了大坝坝顶路面开裂,下游坝顶护栏倒塌(图 1.11(a));大坝坝肩与坝体产生相对沉降差(图 1.11(b))。靠近坝顶附近的下游坡面石块局部松动并伴有向下滑移,但靠近坝顶浆砌石护坡相对完好,如图 1.12 所示。

图 1.5　紫坪铺面板堆石坝地震后的震陷现象

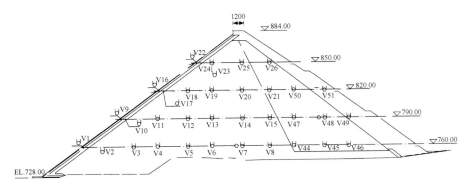

图 1.6　大坝 0+251 断面测点布置

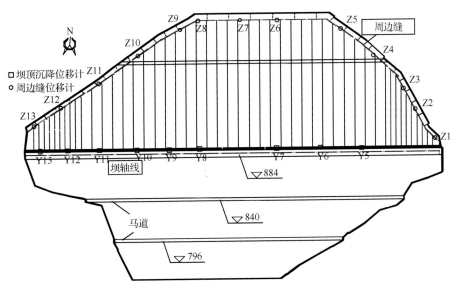

图 1.7　大坝坝顶沉降观测点及周边缝位移观测点分布

1.2.2　大坝防渗系统

汶川地震除了导致紫坪铺面板堆石坝出现明显的变形外,还使大坝的防渗系统出现了明显的破坏。主要表现为:

(1)二期与三期面板施工缝发生了错台,如图 1.13 所示。5#~12# 面板错台量为 15~17cm,14#~23# 面板错台量为 12~15cm,30#~42# 面板错台量为 2~9cm。图 1.14 为二期与三期面板之间错台的实拍照片,二期面板与

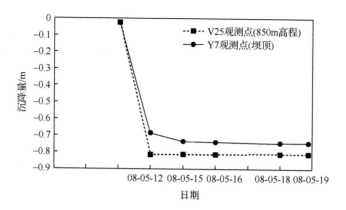

图 1.8　汶川地震紫坪铺面板堆石坝观测点沉降过程

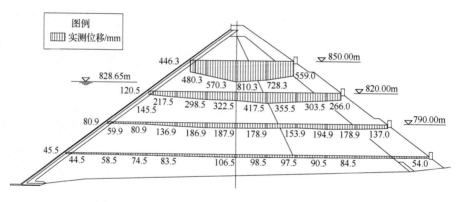

图 1.9　汶川地震紫坪铺面板堆石坝 0+251 断面沉降

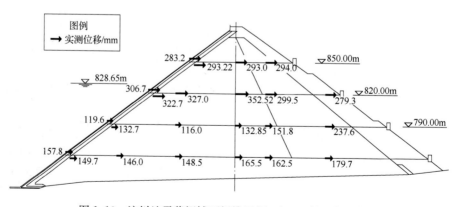

图 1.10　汶川地震紫坪铺面板堆石坝 0+251 断面水平位移

　(a) 地震导致坝顶路面开裂　　　　　　(b) 地震导致坝肩与坝体产生相对沉降差

图 1.11　紫坪铺面板堆石坝坝顶破坏

图 1.12　紫坪铺面板堆石坝下游块石松动滑移

三期面板接触部位的混凝土发生破碎。凿除受损坏混凝土后,发现面板中部受力筋呈"Z"形拉伸折曲(图 1.14(b))。

　(2)地震作用下,大坝 5# 和 6# 以及 23# 和 24# 面板垂直缝破坏较为明显,面板出现挤压破碎现象(图 1.15)。其中,23# 和 24# 面板位于大坝最大断面附近,此处面板的挤压破坏最为严重,自坝顶延伸至 791.0m 高程,低于死水位 26.0m。

　(3)根据脱空计观测资料和补打的 75 个坝面取心成果,大坝左岸 845m 高程以上三期面板与垫层料发生了较大范围的脱空,870m 高程仅有一个检测孔约 20mm 的脱空;右岸三期面板 880m 高程以上也全部脱空,检测最大值达 230mm;大坝左肩附近 843m 高程二期面板顶部局部脱空,检测最大值为 70mm。三期面板脱空范围约占其总面积的 55%。

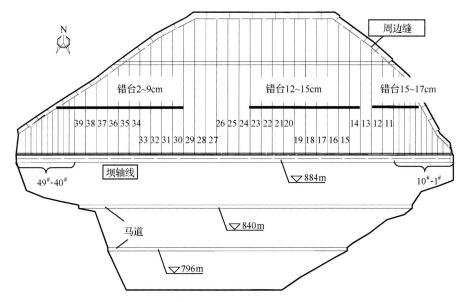

图 1.13　紫坪铺面板堆石坝面板错台分布

(a) 混凝土面板错台　　　　　　　　(b) 凿除受损的面板

图 1.14　二期与三期面板间的错台现象

（4）地震导致大坝周边缝产生了明显的变位。安装在左坝肩 833m 高程附近的 Z2 三向测缝计(布置见图 1.7)测得地震后周边缝的沉降量、张开度以及剪切位移分别为 9.1cm、4.6cm 和 0.9cm。而靠近河床底部 745m 高程附近的 Z9 三向测缝计测得周边缝的沉降量、张开度以及剪切位移分别为 4.3cm、2.8cm 和 4.9cm。

（5）大坝渗流量较地震前有所增加,但总量不大。图 1.16 为渗流量随水

图 1.15　23# 和 24# 面板挤压破坏

位和时间的变化曲线。从图中可以看出,地震发生后初期,无论是水库水位保持基本不变或逐渐降低,大坝渗流量均逐渐增加。震前 2008 年 5 月 10 日测值为 10.38L/s,6 月 24 日上升至 18.82L/s,对应的水库水位在 820.0～828.8m。7 月 8 日水库水位为 818.0m,渗流量为 19.1L/s。可见,地震后,虽然水位有所波动,但大坝的渗流量却基本稳定。渗流水质在震后 1～2 天浑浊,并夹带泥沙,以后水质逐渐变清,并未再次出现浑浊。

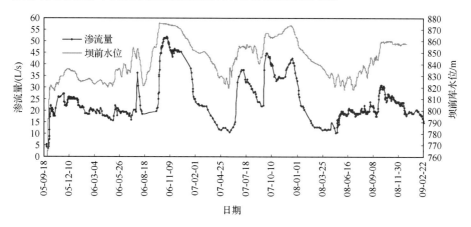

图 1.16　渗流量随水位和时间的变化曲线

　　紫坪铺面板堆石坝经受了超设计标准的地震考验,表明大坝的设计和施工质量良好,具有较强的抗震能力。大坝基岩原设计地震加速度为 0.26g,本次实际遭遇地震加速度峰值估计在 0.5g 以上。从坝体震陷看,如此强烈的地震作用震陷仅 0.81m,约占坝高的 0.52%,这与以往实验室堆石料动三轴残余变形的试验结果相吻合,表明紫坪铺坝料的选择和分区比较合理,碾压质量得到有效控制。从坝坡稳定看,除了坝中部下游坝面部分区域块石松动、沿坡面向下稍有滑移外,没有发生明显的块石滚落现象,坝体整体稳定性较高。从面板防渗功能看,尽管出现周边缝拉开、面板错台、面板挤压破坏现象,但并未危及大坝安全,并且破坏部分容易修复。美国、日本、欧洲等地现有的大坝抗震设防原则要求,在运行基准地震(OBE)作用下,大坝基本上不发生震害,能保持正常运行的功能;在最大设计地震(MDE)的作用下,大坝容许发生一定的震害,但不能丧失挡水建筑物的基本功能。本次汶川地震应属 MDE 水平,大坝的表现是符合规律的。

参 考 文 献

陈厚群,徐泽平,李敏. 2008. 汶川地震与大坝安全. 水利学报,39(10):1158-1167.

陈生水,霍家平,章为民. 2008. 汶川"5·12"地震对紫坪铺混凝土面板堆石坝的影响及原因分析. 岩土工程学报,30(6):795-801.

高希章,杨志宏. 2002. 紫坪铺水利枢纽工程混凝土面板堆石坝设计. 水利水电技术,33(05):14-17.

孔宪京,邹德高,周扬,等. 2009. 汶川地震中紫坪铺混凝土面板堆石坝震害分析. 大连理工大学学报,49(05):667-674.

水利部四川水利水电勘测设计研究院. 2008. 紫坪铺水利枢纽工程混凝土面板堆石坝震后处理,成都.

宋彦刚,邓良胜,王昆,等. 2009. 紫坪铺水库大坝震损及应急修复综述,28(02):8-14.

徐锡伟,闻学泽,叶建青,等. 2008. 汶川 M_S8.0 地震地表破裂带及其发震构造. 地震地质,30(3):597-629.

中国地震局. 2008-08-29. 汶川 8.0 级地震烈度分布图. http://www.cea.gov.cn/manage/html/8a8587881632fa5c0116674a018300cf/_content/08_08/29/1219980517676.html.

中国水利水电科学研究院,水利部水工程建设与安全重点实验室,流域水循环模拟与调控国家重点实验室,四川省紫坪铺开发有限责任公司. 2012. 紫坪铺水库震损评估与抗震减灾技术研究,北京.

第2章　汶川地震紫坪铺面板堆石坝的地震动输入

汶川地震后,国内诸多学者对紫坪铺面板堆石坝的震害进行了分析和总结(陈生水等,2008;赵剑明等,2009),这对指导面板堆石坝的抗震安全性评价具有十分重要的意义,但这些分析和总结多偏重震害现象,缺乏数值计算的对比分析,其主要原因是紫坪铺面板堆石坝的强震动观测台阵没有获取到强震时坝址基岩处的地震动记录。

汶川地震中,国家强震动台网中心的400多个台站获得了大量时程完整的主震记录(中国地震局震害防御司,2008)。同时,经过现场抢修,震后紫坪铺面板堆石坝的强震动观测台阵迅速恢复正常工作,并获取了多次强余震的记录,在一定程度上弥补了未能记录到主震记录的遗憾。

因此,本章通过研究国家强震动台网中心紫坪铺面板堆石坝坝址区域台站实测主震记录以及紫坪铺面板堆石坝台阵实测余震记录,分析主震与强余震地震波的基本特征;同时,分别选择坝址区域台站实测主震地震动、坝址基岩台站记录到的余震地震动以及规范谱人工波作为大坝的地震动输入,对紫坪铺面板坝进行了三维有限元动力分析,并将计算得到的坝体动力反应结果与实测数据进行对比,分析大坝在各组地震动作用下的动力反应特性,据此建议用于紫坪铺面板堆石坝震害分析的合理地震动输入。

2.1　地震动记录

2.1.1　紫坪铺观测台阵的主震记录

紫坪铺强震观测台阵共有6个观测站点,具体分布(图1.2)为坝顶三个,分别为1#、2#和3#;坝腰2个,分别为4#(1/3坝高)和5#(2/3坝高);坝底1个,为6#。台阵的供电电缆与通信光缆都是穿过PVC管后由水泥敷埋的。然而在通往4#点的其中一段被破坏,水泥被砸碎,PVC管破损,使仪器供电电缆中断(图2.1),导致主震过程中仅记录了坝顶的地震加速度反应。

紫坪铺面板堆石坝坝顶的1#、2#和3#强震观测台记录的主震过程中加速度时程见图2.2~图2.4。从图可以看出,坝顶竖向和坝轴向的加速度峰值

均超过 $2.0g$,顺河向达到 $1.65g$;在 27s 左右发生高频脉冲;从其反应谱(图 2.5(a))也可以看出,实测加速度中 $16\sim50$Hz 的分量较多。实际上,经动力有限元时程方法的初步计算,紫坪铺面板堆石坝在微震时的基频约为 1.6Hz

图 2.1　强震观测仪供电电缆破损

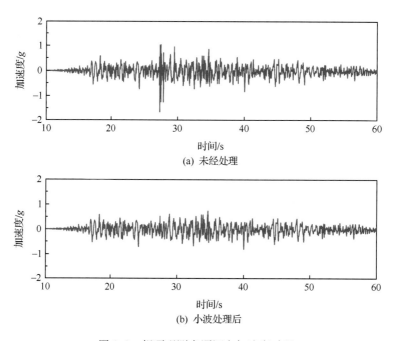

图 2.2　坝顶观测点顺河向加速度时程

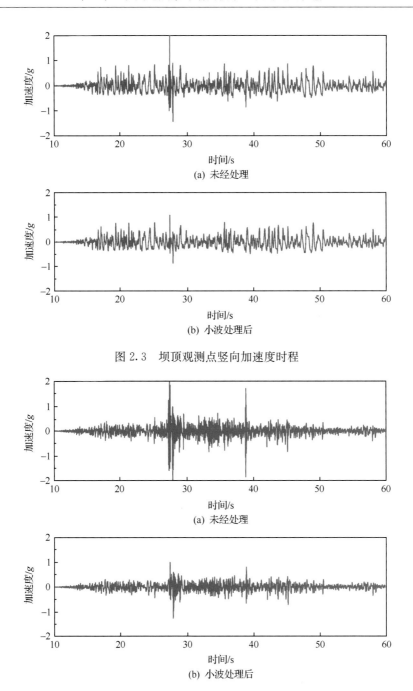

图 2.3　坝顶观测点竖向加速度时程

图 2.4　坝顶观测点坝轴向加速度时程

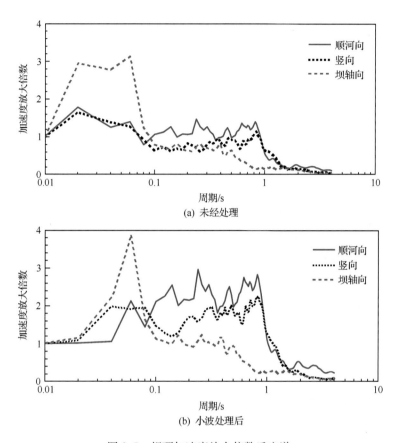

图 2.5　坝顶加速度放大倍数反应谱

（强震时大约 1Hz）。汶川地震中大坝有如此高的频率分量可能性不大，这可能是由于地震时坝顶护栏断裂后砸入观测点（图 2.6），引起设备的高频振动所导致的，因此实测的加速度需要进行修正。

对实测到的加速度采用小波变换的滤波方法进行降噪处理。小波变换（wavelet transform）是一种继承了傅里叶变换的优点、同时又克服了它的缺点的数学方法。它能够实现时域和频域的局域变换，因而可以更有效地从诸多信号中提取有用的信息；它还能够通过伸缩和平移等运算功能对信号进行多尺度的细化和动态分析，可以更有效地对信号进行降噪处理。小波变换的应用非常广泛，已经成功地应用到包括图像处理在内的许多领域。本章通过采用小波方法对坝顶（2[#] 观测点）三个方向的加速度时程进行滤波（滤波仅改变了局部时间段的加速度频谱特性），滤波前后的加速度时程和加速度放大倍数反应谱见图 2.2～图 2.5。从图可以看出，滤波后观测点加速度的高频分量明显减小，大部分频率位于 1～10Hz。滤波后紫坪铺坝顶的加速度峰值约为 0.8g(顺河向)、1.2g(竖向)和 1.4g(坝轴向)。

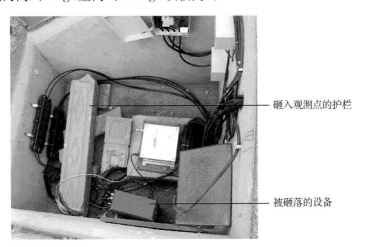

图 2.6　砸入观测点的护栏和被砸落的设备

2.1.2　紫坪铺观测台阵余震记录

1. 余震地震动基本信息

紫坪铺观测台阵获得了多次汶川地震的余震记录，表 2.1 为观测到的 6 次余震的地震动基本信息，包括发震日期、震源位置、震源深度以及震级。为了更加直观地了解 6 次余震记录的震中位置，紫坪铺面板堆石坝坝址、汶川地震震中以及余震震中等相对位置均标记到了图 2.7 中。可以看出，汶川地震的震中几乎位于紫坪铺面板堆石坝的正西侧，汶川地震的传播方向基本与坝

表 2.1　余震动基本信息

发震日期	纬度	经度	深度/km	震级 M_L
2008 年 5 月 26 日	31.30°N	103.73°E	22	3.7
2008 年 6 月 5 日	30.79°N	103.62°E	19	3.8
2008 年 6 月 27 日	30.93°N	103.64°E	15	4.0
2008 年 9 月 5 日	31.11°N	103.73°E	13	3.6
2008 年 10 月 20 日	30.94°N	103.68°E	16	3.6
2008 年 11 月 6 日	30.84°N	103.77°E	16	4.3

轴向平行,而余震的震中位置基本分布在紫坪铺面板堆石坝的东侧,其中 5 月 26 日的余震震中距坝址最远(约 42km),6 月 27 日的余震震中距坝址最近(约 16km)。

图 2.7　紫坪铺面板堆石坝和余震震中相对位置

2. 余震地震动时程及其反应谱

紫坪铺面板堆石坝强震观测台阵 6 次余震的地震动加速度时程如图 2.8～图 2.13 所示。可以看出,11 月 6 日坝底基岩余震的峰值加速度大约为 $33 \times 10^{-3} g$,坝顶实测峰值加速度约 $80 \times 10^{-3} g$,放大倍数接近 2.5 倍。6 次记录中这 4 个测点的加速度放大倍数如表 2.2 所示。

根据坝底基岩实测的余震地震动峰值加速度大小,将 6 次记录分为 2 组。其中,3 个方向(顺河向、竖向和坝轴向)峰值加速度均大于 $10 \times 10^{-3} g$ 的(6 月 27 日与 11 月 6 日记录)为第 1 组,其他 4 次记录为第 2 组。图 2.14 为两组顺河向加速度放大倍数反应谱曲线(阻尼比为 0.05)。从图 2.14(a)可以看出,第 1 组实测余震地震动的卓越频率为 5～10Hz。尽管加速度反应谱在短周期部分上下有一定的跳动,但周期稍长时,就显出随周期增大而衰减的趋势,展现了地震动反应谱形状的基本特征。从图 2.14(b)可以看出,第 2 组余震波频谱在 5～7Hz 反应卓越,与第 1 组有明显的差别。

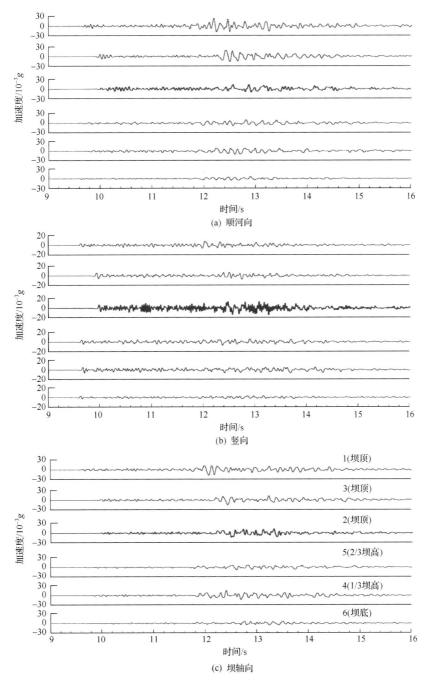

图 2.8　台站实测 5 月 26 日余震波时程

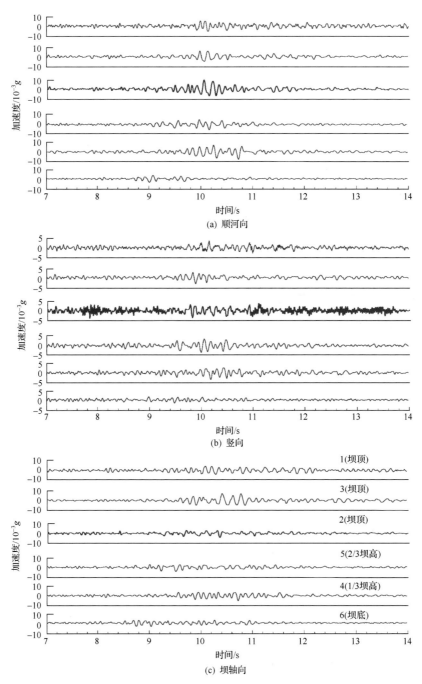

(a) 顺河向

(b) 竖向

(c) 坝轴向

图 2.9　台站实测 6 月 5 日余震波时程

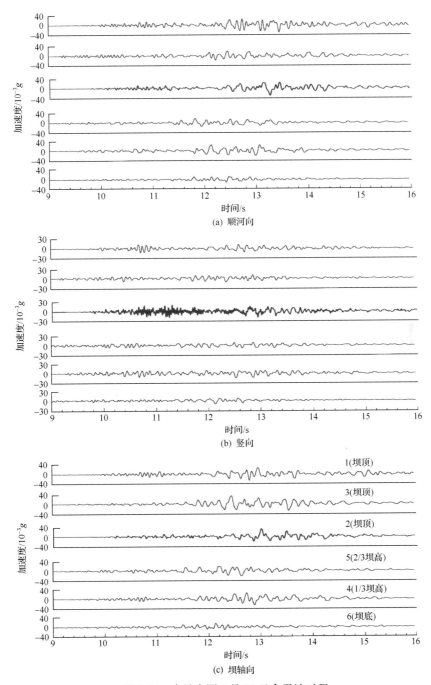

(a) 顺河向

(b) 竖向

(c) 坝轴向

图 2.10 台站实测 6 月 27 日余震波时程

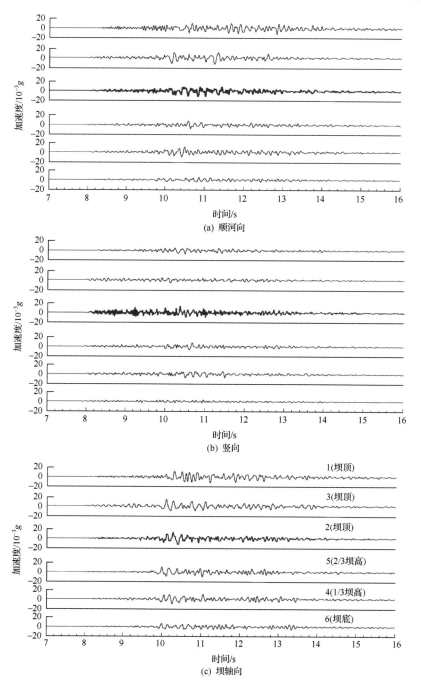

图 2.11　台站实测 9 月 5 日余震波时程

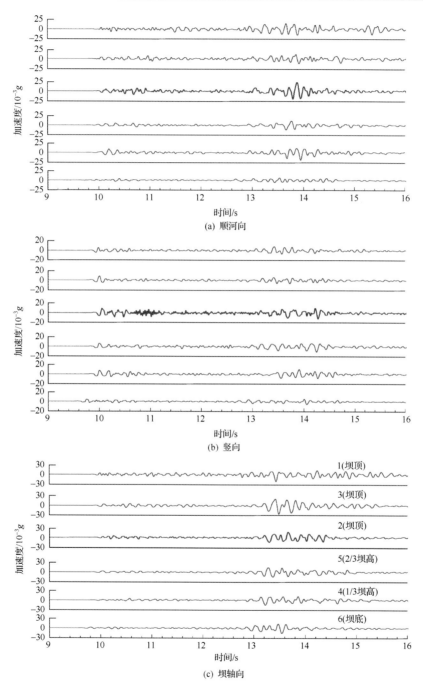

(a) 顺河向

(b) 竖向

(c) 坝轴向

图 2.12　台站实测 10 月 20 日余震波时程

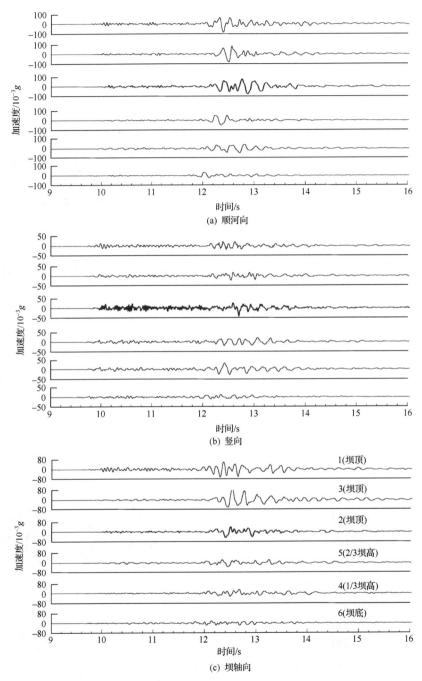

图 2.13　台站实测 11 月 6 日余震波时程

表 2.2　实测加速度及放大倍数

项目		实测峰值(单位:$10^{-3}g$)/加速度放大倍数			基岩实测峰值(单位:$10^{-3}g$)
		2#(坝顶)	5#(2/3 坝高)	4#(1/3 坝高)	6#(坝底基岩)
5 月 26 日	坝轴向	13.2/2.2	8.5/1.4	14.8/2.4	6.12
	顺河向	13.6/2.2	10.4/1.7	10.5/1.7	6.22
	竖向	13.6/3.8	7.0/2.0	6.4/1.8	3.56
6 月 5 日	坝轴向	4.5/1.2	4.4/1.2	5.5/1.5	3.68
	顺河向	9.8/2.6	5.7/1.5	7.9/2.1	3.82
	竖向	4.1/2.3	3.6/2.1	3.6/2.1	1.74
6 月 27 日	坝轴向	32.0/2.1	23.1/1.5	25.8/1.7	15.07
	顺河向	32.2/2.6	18.6/1.5	24.8/2.0	12.48
	竖向	20.6/1.9	9.3/0.8	14.8/1.3	11.04
9 月 5 日	坝轴向	13.6/1.8	11.0/1.5	10.3/1.4	7.46
	顺河向	12.0/2.1	8.4/1.5	11.3/2.0	5.64
	竖向	14.6/4.1	8.2/2.3	8.3/2.3	3.59
10 月 5 日	坝轴向	18.3/1.1	15.1/0.9	15.8/1	15.91
	顺河向	24.6/3.7	12.1/1.8	19.5/2.9	6.61
	竖向	12.7/2.1	11.3/1.9	11.0/1.8	5.95
11 月 6 日	坝轴向	50.9/2.7	33.3/1.8	32.4/1.7	19.02
	顺河向	81.4/2.4	52.5/1.6	48.5/1.4	33.56
	竖向	45.5/3.4	21.6/1.6	33.3/2.5	13.52

3. 大坝余震反应分析

对紫坪铺面板堆石坝进行有限元计算,并与实测结果进行对比。坝体静力计算采用邓肯-张 E-B 模型,动力计算采用等效线性黏弹性模型。静力与动力分析均采用作者课题组自主开发的土石坝等土工构筑物静、动力分析的软件系统——GEODYNA(邹德高等,2003)。

1) 计算模型与参数

大坝有限元网格如图 2.15 所示。大坝有限元静力计算和动力计算参数均采用紫坪铺坝料试验成果(刘小生等,2005),见表 2.3 和表 2.4。筑坝材料归一化的等效动剪切模量和等效阻尼比与动剪应变的关系曲线如图 2.16 和图 2.17 所示。

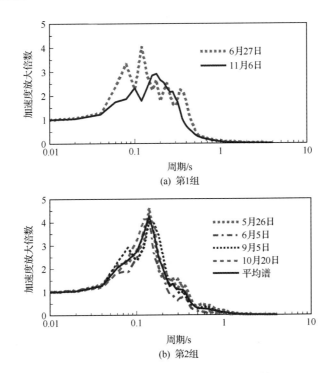

(a) 第1组

(b) 第2组

图 2.14　顺河向加速度放大倍数反应谱

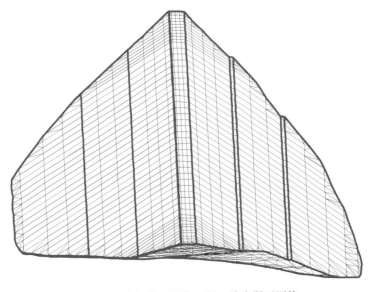

图 2.15　紫坪铺面板堆石坝三维有限元网格

表 2.3　静力计算参数

材料	$\rho_d/(g/cm^3)$	$\varphi_0/(°)$	$\Delta\varphi/(°)$	K	n	R_f	K_b	m
堆石料	2.16	55	10.6	1089	0.33	0.79	965	−0.21
垫层料	2.30	58	10.7	1274	0.44	0.84	1276	−0.03
过渡料	2.25	58	11.4	1085	0.38	0.75	1084	−0.09

注：ρ_d 为干密度；$\Delta\varphi$ 为内摩擦角随围压的变化；φ_0 为 $\sigma_3 = p_a$（p_a 为标准大气压）下的内摩擦角；K_b 和 m 是体积模量参数；K 和 n 为弹性模量参数；R_f 为破坏比。

表 2.4　动力计算参数

材料	K	n
堆石料	3784.4	0.416
垫层料	3051.7	0.505
过渡料	3183.6	0.509

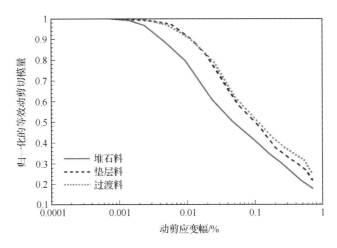

图 2.16　筑坝料的归一化的等效动剪切模量与动剪应变幅关系

2）地震动输入

由于第 1 组记录中 11 月 6 日地震动基岩的实测峰值最大，第 2 组中 5 月 26 日余震实测的坝顶加速度放大倍数大于 2.0，因此选取这两次余震的地震动记录作为数值计算的地震动输入。同时，为了减小噪音对余震的影响，再将第 2 组中记录的 4 次加速度放大倍数反应谱进行平均，得到一组（3 个方向）平均反应谱，以此为目标反应谱，拟合一组人工合成地震动，作为数值计算时的另一组地震动输入。5 月 26 日、11 月 6 日的余震坝底基岩地震动以及平均反应谱拟合生成的地震动加速度时程曲线如图 2.18 所示。图 2.19 为三向人工地震动反应谱与目标谱的对比,可以看出拟合的精度满足计算要求。

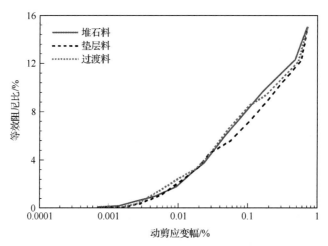

图 2.17 筑坝料的等效阻尼比与动剪应变幅关系

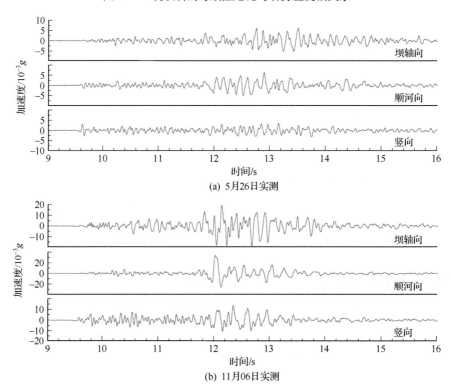

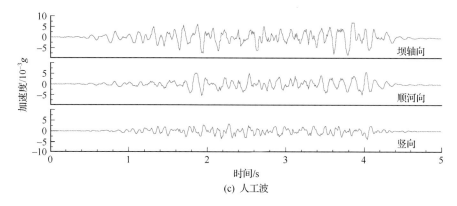

(c) 人工波

图 2.18　输入地震动加速度时程

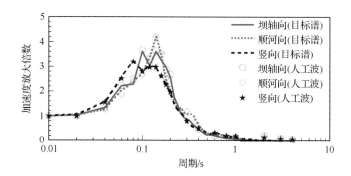

图 2.19　第 2 组地震动平均放大倍数反应谱与人工地震波对比

3) 加速度放大倍数成果

表 2.5 为坝体加速度放大倍数实测值与有限元计算值的对比,其中人工波的实测值采用余震波结果的线性拟合值。

从表 2.5 可以看出,3 组地震动输入,坝顶顺河向加速度放大倍数的计算值平均在 3.0 左右(实测值平均 2.5 左右),计算值比实测值略大。无论实测值还是计算值,坝顶竖向的加速度放大倍数均大于坝轴向的加速度放大倍数。坝顶的加速度放大倍数较小,其主要原因是输入余震动的主频范围位于 5～10Hz,但紫坪铺面板堆石坝的基频为 1.6Hz 左右,二者频率范围相差较大。

11 月 6 日坝顶实测的顺河向加速度反应谱与数值计算反应谱对比如图 2.20 所示。可以看出,实测谱与计算谱在 0.3s 之后谱形差别不大,而在短周期(小于 0.1s)部分实测值明显大于计算值,这可能是由于实测地震动存在高频噪音所致。但总体上,二者大体相似。

表 2.5　坝体加速度计算值与实测值对比

	项目	坝顶	2/3 坝高	1/3 坝高
坝轴向	5 月 26 日计算/实测值	2.9/2.2	2.7/1.4	3.5/2.4
	11 月 6 日计算/实测值	3.3/2.7	3.2/1.8	2.6/1.7
	人工地震动计算/第二组实测值平均值	2.3/2.0	2.0/1.4	2.4/1.5
顺河向	5 月 26 日计算/实测值	3.2/2.2	2.5/1.7	2.3/1.7
	11 月 6 日计算/实测值	3.0/2.4	2.4/1.6	2.5/1.4
	人工地震动计算/第二组实测值平均值	2.9/2.5	2.3/1.6	2.4/1.6
竖向	5 月 26 日计算/实测值	4.8/3.8	3.7/2.0	2.8/1.8
	11 月 6 日计算/实测值	4.7/3.4	3.5/1.6	3.1/2.5
	人工地震动计算/第二组实测值平均值	3.0/2.8	2.7/1.4	3.1/2.0

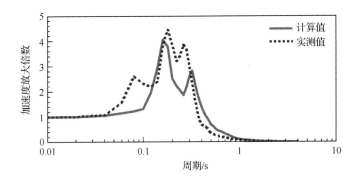

图 2.20　坝顶实测谱与计算谱对比

从相关资料来看,Mattmask 土石坝(坝高 120m)在一次 4.4 级的地震中,基底的顺河向峰值加速度是 $7\times10^{-3}g$,坝顶为 $15\times10^{-3}g$,放大倍数为 2.1 倍(陈慧远等,1986)。文献中,提到多次记录到的土石坝(几座土石坝坝高均为 120m 左右)地震反应观测实例里(Darbre,1995),坝顶中央的加速度全部比基岩加速度大,但是它们的放大倍数也不过 2 倍。因此可以推断,本次余震实测结果符合土石坝地震反应的一般规律。

2.2　汶川地震紫坪铺面板堆石坝的地震动输入

本节对紫坪铺面板堆石坝进行有限元计算,并与实测结果进行对比,为紫坪铺面板坝的震害研究选取合理的地震动输入。所用的计算模型、参数以及软件均与 2.1 节相同。

2.2.1　地震动时程

　　分别选取茂县地办、郫县走石山、成都中和这三组基岩台站主震实测的地震动、紫坪铺台站 11 月 6 日余震实测的地震动以及《水工建筑物抗震设计规范》中规范谱人工生成的地震动作为数值计算的地震动输入。文献(陈生水等,2008;孔宪京等,2009;赵剑明等,2009)根据紫坪铺面板堆石坝坝顶实测的加速度峰值,估计汶川地震中大坝基岩的地震动峰值超过了 0.5g,本章计算时取水平向地震动峰值加速度为 0.55g。将 5 组地震动时程的顺河向、竖向与坝轴向峰值加速度均分别调至 0.55g、0.37g(水平向峰值的 2/3)和 0.55g,调整后的前 4 组地震动加速度时程曲线见图 2.21～图 2.24。

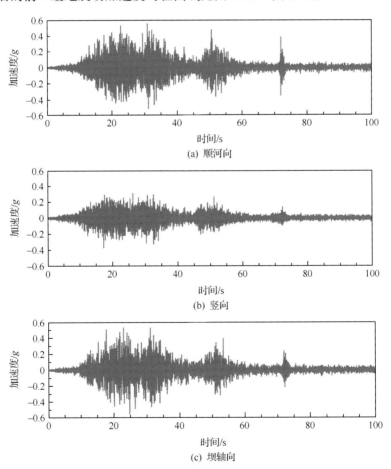

图 2.21　茂县地办地震动时程

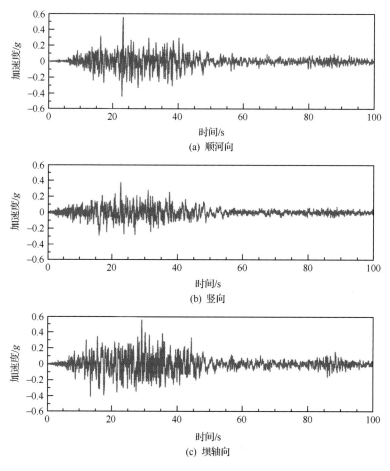

图 2.22　郫县走石山地震动时程

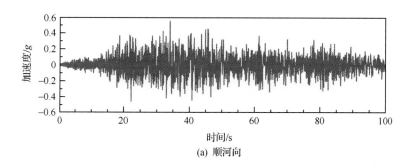

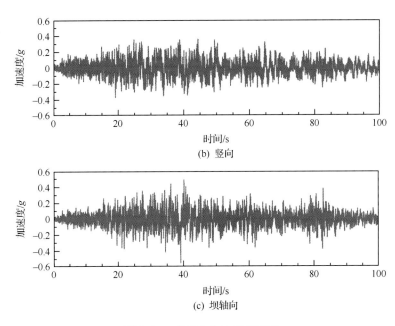

(b) 竖向

(c) 坝轴向

图 2.23　成都中和地震动时程

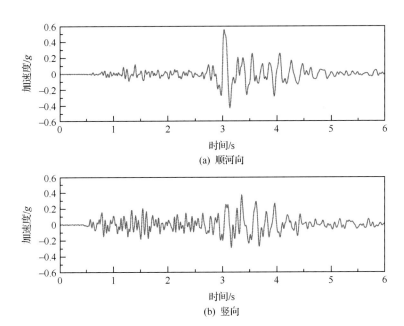

(a) 顺河向

(b) 竖向

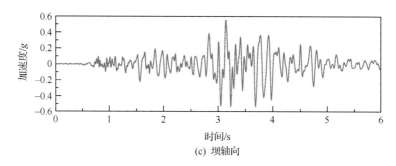

(c) 坝轴向

图 2.24　紫坪铺台站实测余震地震动时程(11 月 6 日)

图 2.25 为 4 组基岩实测的地震动顺河向加速度放大倍数反应谱以及规范谱(阻尼比为 0.05)。经动力有限元时程方法初步计算,紫坪铺面板堆石坝在微震时的基频为 1.6Hz 左右(强震时大约降为 1Hz),因此重点研究反应谱在 1Hz 左右的谱值。

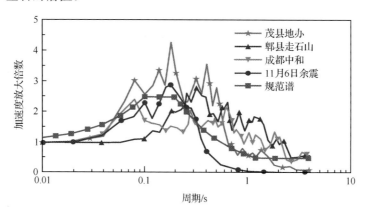

图 2.25　地震波顺河向加速度放大倍数反应谱

从图 2.25 中可以看出,由于紫坪铺台站 11 月 6 日余震实测的地震波顺河向峰值加速度较小(0.03g),其加速度放大倍数从 0.25s 开始迅速衰减,在 1s 附近放大倍数不足 0.1;而茂县地办台站实测的主震地震动加速度反应谱从 0.5s 开始衰减,但在 1s 附近相对比较平缓,放大倍数约为 0.6,与规范谱接近。郫县走石山与成都中和台站位于下盘,随着断层距的增加,实测的主震地震动峰值衰减较快,且反应谱在 1s 附近放大倍数较大。

与郫县走石山、成都中和台站不同,茂县地办台站位于断层上盘。茂县地办、郫县走石山、成都中和台站与北川-映秀断层的距离分别为 26km、29km 和

73km。李爽和谢礼立(2007)指出,近场地震动通常指断层距不超过 20km 场地上的地震动,但采用 20km 这一固定界限来区分近场与远场并不符合实际情况,断层距的限值应在 20~60km。除此之外,刘启方等(2006)认为,可同时根据地震动强度以及断层破裂过程来确定近场区域。茂县地办台站的断层距为 26km,且主震时地震动的峰值加速度达 0.3g,因此可认为茂县地办属于近场区域。虽然郫县走石山台站的断层距为 29km(与茂县地办台站断层距相差不大),但其位于下盘且主震时地震动的峰值加速度仅为 0.1g 左右,因此可认为郫县走石山台站属于远场区域台站,成都中和台站也应视为远场区域台站。

由此可见,郫县走石山和成都中和台站实测的主震地震动加速度反应谱在 1s 附近放大倍数较大,这主要是因为这两个台站均位于远场区域,而远场实测主震地震动中包含更多的低频成分。

2.2.2 坝顶的地震加速度反应谱对比

数值计算的坝顶顺河向加速度放大倍数反应谱(阻尼比为 0.10)与实测值滤波对比如图 2.26 所示。图 2.27 为典型断面中轴线的加速度反应。

从图 2.26(a)中可以看出,采用郫县走石山和成都中和台站实测的主震动作为输入计算,两者得到的坝顶反应谱的谱形较为相似,且在 1Hz 附近明显大于坝顶实测的反应谱。这是因为两个台站同处下盘,且位于远场区域,而远场实测的主震动中包含更多的低频成分,其反应谱在 1Hz 附近放大倍数较大(见图 2.24)。同时,从图 2.27 中可以看出,这两个台站地震动输入计算得到的坝顶加速度放大倍数为 2.0(成都中和)和 2.3(郫县走石山)。对于汶川地震,由于其频率较高且地震加速度峰值大,坝顶放大系数一般不会超过 2.0。因此,对于位于断层附近的紫坪铺面板坝而言,地震动输入不宜采用远场台站实测的地震动。

图 2.26(a)还可以看出,采用紫坪铺台站 11 月 6 日余震实测的地震动作为大坝地震动输入,尽管采用相同的输入峰值加速度,但其反应在 1Hz 附近明显小于坝顶实测的反应谱,这是由于余震地震动 1Hz 附近的频率成分相对较少,以至于难以激发大坝在强震时(基频 1Hz)的反应(见图 2.26)。因此,地震动输入不宜采用余震实测的地震动。

采用茂县地办台站实测的主震动和按水工建筑物抗震设计规范生成的人工波作为地震动输入,坝顶计算加速度放大倍数均为 1.6,且两者计算的坝顶反应谱与坝顶实测反应谱(1Hz 附近)也比较接近(见图 2.26(b))。因此可以

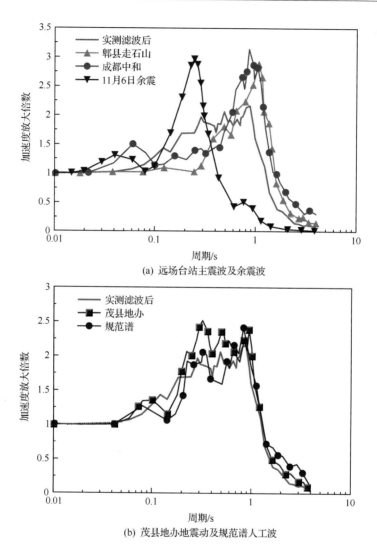

(a) 远场台站主震波及余震波

(b) 茂县地办地震动及规范谱人工波

图 2.26　坝顶顺河向实测谱与计算谱对比

认为,汶川地震中,紫坪铺面板堆石坝动力计算的地震动输入采用茂县地办台站实测的地震动或按《水工建筑物抗震设计规范》生成的人工地震动是比较合理的。

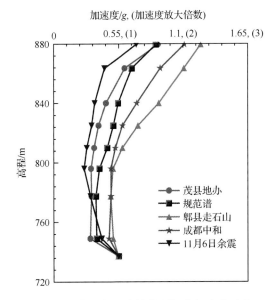

图 2.27　典型断面中轴线顺河向加速度反应

参 考 文 献

陈慧远,徐关泉,李鸿俊,等. 1986. 最新土石坝工程学. 北京:水利电力出版社.

陈生水,霍家平,章为民. 2008. 汶川"5·12"地震对紫坪铺混凝土面板堆石坝的影响及原因分析. 岩土工程学报,30(6):795-801.

孔宪京,邹德高,周扬,等. 2009. 汶川地震中紫坪铺混凝土面板堆石坝震害分析. 大连理工大学学报,(05):667-674.

李爽,谢礼立. 2007. 近场问题的研究现状与发展方向. 地震学报,29(1):102-111.

刘启方,袁一凡,金星,等. 2006. 近断层地震动的基本特征. 地震工程与工程振动,26(1):1-10.

刘小生,王钟宁,汪小刚,等. 2005. 面板坝大型振动台模型试验与动力分析. 北京:中国水利水电出版社.

赵剑明,刘小生,温彦锋,等. 2009. 紫坪铺面板坝汶川地震震害分析及高土石坝抗震减灾研究设想. 水力发电,35(5):11-14.

中国地震局震害防御司. 2008. 汶川 8.0 级地震未校正加速度记录. 北京:地震出版社.

邹德高,孔宪京,徐斌. 2003. Geotechnical dynamic nonlinear analysis—GEODYNA 使用说明. 大连:大连理工大学土木水利学院工程抗震研究所.

Darbre G. 1995. Strong-motion instrumentation of dams. Earthquake Engineering & Structural Dynamics,24(8):1101-1111.

第 3 章　面板堆石坝静、动力分析方法

目前,有限元数值计算方法在面板堆石坝领域有了较大的发展。静力分析时,邓肯-张等非线性应力-应变模型得到了广泛的应用。同时,沈珠江等各种弹塑性模型也相继提出,并逐步应用于土石坝施工和蓄水过程的模拟分析。动力分析广泛采用等效线性黏弹性模型。此种分析方法比较简便,但不能直接考虑土石坝的地震永久变形,一般都是先进行动力反应计算,然后再采用Newmark 滑块法或应变势法进行永久变形的分析,这显然在理论上存在着明显的缺陷。静、动力弹塑性模型则能够较好地反映土体的实际状态,并能够计算静、动力全过程以及直接计算坝体的永久变形,在理论上相对更为合理。本章主要介绍面板堆石坝常用的静、动力分析方法。

3.1　筑坝堆石料的本构模型

3.1.1　静力本构模型

目前用于面板堆石坝静力分析的本构模型有两类:①非线性弹性模型,常用的有邓肯-张模型,清华 K-G 模型等;②弹塑性模型,常用的有沈珠江南水模型和殷宗泽模型等。

1. 非线性弹性本构模型

1) 邓肯-张 E-B 模型

邓肯-张模型(Duncan and Chang,1970)是一种被广泛应用的增量弹性模型。由于土体本构关系为非线性,弹性矩阵 $\boldsymbol{D}$ 中的弹性模量 E、泊松比 ν 为随应力状态而改变的变量。此时,胡克定律的增量形式为 $\mathrm{d}\boldsymbol{\sigma} = \boldsymbol{D}\mathrm{d}\boldsymbol{\varepsilon}$,其中 $\mathrm{d}\boldsymbol{\sigma}$ 为应力增量,$\mathrm{d}\boldsymbol{\varepsilon}$ 为应变增量。

(1) 弹性矩阵的确定。

切线弹性模量 E_{t} 为

$$E_{\mathrm{t}} = K p_{\mathrm{a}} \left(\frac{\sigma_3}{p_{\mathrm{a}}} \right)^n \left[1 - R_{\mathrm{f}} \frac{\sigma_1 - \sigma_3}{(\sigma_1 - \sigma_3)_{\mathrm{f}}} \right]^2 \tag{3.1}$$

式中，p_a 为标准大气压（$p_a=101.4\text{kPa}$），量纲与围压 σ_3 相同；K、n 为试验常数；R_f 为破坏比；$\sigma_1-\sigma_3$ 和 $(\sigma_1-\sigma_3)_f$ 为三轴应力状态下的偏应力和破坏偏应力，其中 σ_1 为第一主应力，σ_3 为第三主应力（围压）。

切线体积模量 B 为

$$B = K_b p_a \left(\frac{\sigma_3}{p_a}\right)^m \tag{3.2}$$

式中，K_b 和 m 是材料常数，分别为 $\lg(B/p_a)$ 与 $\lg(\sigma_3/p_a)$ 直线关系的截距和斜率。

土体的泊松比 ν_t 可采用下式：

$$\nu_t = \frac{1}{2} - \frac{E_t}{6B} \tag{3.3}$$

破坏偏应力为

$$(\sigma_1-\sigma_3)_f = \frac{2c\cos\varphi + 2\sigma_3\sin\varphi}{1-\sin\varphi} \tag{3.4}$$

式中，c 为黏聚力；φ 为内摩擦角。

由于堆石体的莫尔-库仑强度包线稍有弯曲，在一定程度上呈现非线性，故采用下式对其修正：

$$\varphi = \varphi_0 - \Delta\varphi\lg\left(\frac{\sigma_3}{p_a}\right) \tag{3.5}$$

式中，φ_0 为围压 $\sigma_3=p_a$ 下的内摩擦角；$\Delta\varphi$ 为内摩擦角随围压的变化大小。

在卸载-再加载情况下，采用卸载-再加载模量 E_{ur} 代替 E_t，可以得到

$$E_{ur} = K_{ur} p_a \left(\frac{\sigma_3}{p_a}\right)^n \tag{3.6}$$

式中，K_{ur} 和 n 为材料常数。

当 $\nu_t = 0$ 时，$B = E_t/3$；当 $\nu_t = 0.49$ 时，$B = 17E_t$，因此切线体积模量 B 限制在 $E_t/3 \sim 17E_t$。以上有关土体的参数 c、φ_0、$\Delta\varphi$、K、K_{ur}、n、K_b、m 均可由常规三轴试验得到。

由于邓肯-张 E-B 模型是针对三轴应力状态提出的，为了推广到一般的应力状态，以广义剪应力 q 代替 $\sigma_1-\sigma_3$，用平均主应力 p 代替 σ_3，抗剪强度采用三维的莫尔-库仑准则 q_f 代替 $(\sigma_1-\sigma_3)_f$。

$$p = \frac{1}{3}(\sigma_1 + \sigma_2 + \sigma_3) \tag{3.7}$$

$$q = \frac{1}{\sqrt{2}}\sqrt{(\sigma_1-\sigma_3)^2 + (\sigma_2-\sigma_3)^2 + (\sigma_1-\sigma_2)^2} \tag{3.8}$$

$$q_f = \frac{3c\cos\varphi + 3p\sin\varphi}{\sqrt{3}\cos\theta_\sigma + \sin\theta_\sigma\sin\varphi} \tag{3.9}$$

式中，θ_σ 为应力洛德(Lode)角，$\theta_\sigma = \arctan\left(-\frac{\mu_\sigma}{\sqrt{3}}\right)$，其中$\mu_\sigma = 1 - 2\frac{\sigma_2 - \sigma_3}{\sigma_1 - \sigma_3}$，$\sigma_2$ 为第二主应力。

将式(3.7)～式(3.9)代入原来的邓肯-张模型中，土体的切线模量、卸载-再加载模量、切线体积模量即可确定。

(2) 加-卸载判别准则。

计算中，当下列两个条件同时满足：

① $S < 0.95S_{max}$

② $(\sigma_1 - \sigma_3) < 0.95(\sigma_1 - \sigma_3)_{max}$

则认为单元处于卸载状态。其中，$S = q/q_f$ 为应力水平，S_{max}，$(\sigma_1 - \sigma_3)_{max}$ 为历史上最大值。

(3) 受拉破坏和剪切破坏。

土体单元的破坏一般存在两种情况：一是出现拉应力，即 p 为负值，此时土体拉裂；二是应力莫尔圆超过库仑破坏线，即应力水平 S 大于 1，此时土体剪坏。因此需要采取相应的措施进行调整。计算中，如果 $p < 0$，则令 p 为一小值，并降低其单元的模量。如果应力水平 $S > 1$，则令 $S = 0.95$。

2) 清华 K-G 模型

K-G 模型最初由 Naylor(1978)提出的，与邓肯-张模型一样不能很好地反映应力路径的影响。高莲士等(2001)根据多种复杂应力路径的试验，对 K-G 模型进行了研究和改进，提出了非线性解耦 K-G 模型(清华 K-G 模型)，能较好地反映应力路径的影响。以下为该模型的介绍。

(1) 加载时的增量应力-应变关系。

材料在到达临胀强度前后的应力-应变规律完全不同，因此以临胀强度作为临界点，建立了土体在临胀强度之前的应力-应变关系。临胀应力比 η_d 可由常规三轴剪切试验确定。

根据试验研究，土体临胀强度 η_d 与平均主应力 p 呈幂函数关系，可表示为

$$\eta_d = \eta_0 \left(\frac{p}{p_a}\right)^{-\alpha} \tag{3.10}$$

式中，η_0、α 为试验常数，可由常规试验确定。

根据试验的规律，建立比例加载条件下的全量形式的应力-应变关系，然后通过微分得到增量型应力-应变关系，并将其推广到一般的加载应力路径。

① 比例加载时的应力-应变关系。

p-ε_v 的关系表示为

$$\varepsilon_v = \frac{1}{K_v}(1+\eta^2)^m \left(\frac{p}{p_a}\right)^H, \qquad \eta < \eta_d \tag{3.11}$$

q-ε_s 的关系表示为

$$\varepsilon_s = \frac{1}{G_s}\left(\frac{p}{p_a}\right)^{-d} F_s \left(\frac{q}{p_a}\right)^B, \qquad \eta < \eta_d \tag{3.12}$$

式中，$F_s = \left(\frac{1}{1-\eta/\eta_u}\right)^S$，$\eta_u = \eta_{uo}\left(\frac{p}{p_a}\right)^{-\beta}$；$\varepsilon_v = \varepsilon_1 + \varepsilon_2 + \varepsilon_3$，$\varepsilon_s = \frac{\sqrt{2}}{3}\sqrt{(\varepsilon_1-\varepsilon_2)^2+(\varepsilon_1-\varepsilon_3)^2+(\varepsilon_2-\varepsilon_3)^2}$；$p_a$ 为大气压力；K_v、H、m、G_s、B、d、S 均为无因次的试验参数，可由一组单调加载的常规三轴剪切试验确定，这些参数都有一定的物理意义，其中：K_v 为体积模量数；H 为体应变指数；m 为剪缩指数，其大小反映了剪应力通过 η 对体应变的影响；G_s 为剪切模量数；B 为剪应变指数；d 为压硬指数，其大小反映加载时体积应力 p 对土料压硬性和剪应变的影响；η_u 为双曲线的极限应力比；η_{u0} 和 β 为试验参数；F_s 为强度发挥度因子，反映土体强度对应力-应变的影响。

② 加载时应力增量与应变增量关系。

以 p、η 和 q、η 为自变量对式(3.11)、式(3.12)分别取全微分，可得加载时体应变和剪应变增量表达式：

$$\mathrm{d}\varepsilon_v = \frac{1}{K_v}(1+\eta^2)^m\left(\frac{H}{p_a}\right)\left(\frac{p}{p_a}\right)^{H-1}\mathrm{d}p + \frac{1}{K_v}\left(\frac{p}{p_a}\right)^H m\,(1+\eta^2)^{m-1}$$

$$\times 2\eta\mathrm{d}\eta, \qquad \eta < \eta_d \tag{3.13}$$

$$\mathrm{d}\varepsilon_s = \frac{1}{G_s}\left(\frac{p}{p_a}\right)^{-d}F_s\left(\frac{B}{p_a}\right)\left(\frac{q}{p_a}\right)^{B-1}\mathrm{d}q + \frac{1}{G_s}\left(\frac{p}{p_a}\right)^{-d}\left(\frac{q}{p_a}\right)^B F_s$$

$$\times\frac{S}{\eta_u-\eta}\mathrm{d}\eta, \qquad \eta < \eta_d \tag{3.14}$$

在以上应变增量的计算公式中，包括了应力状态、强度发挥度和应力增长方向的影响，试验研究表明，比例加载的应力-应变关系可推广至一般加载应力路径。

③ 加载切线模量。

在非线性有限元计算中，对于加载时情况，可以由单元的应力状态，按式(3.13)、式(3.14)算出单元的八面体的应变增量。考虑应力分量与应变分量的关系时，按下式定义加载时的耦合切线体积模量 K_{ld} 及耦合切线剪切模

量 G_{ld} :

$$K_{ld} = \frac{\mathrm{d}p}{\mathrm{d}\varepsilon_v} \qquad\qquad (3.15)$$

$$G_{ld} = \frac{\mathrm{d}q}{3\mathrm{d}\varepsilon_s} \qquad\qquad (3.16)$$

（2）卸载、再加载模量。

卸载、再加载时，体积模量 K_{ur} 和剪切模量 G_{ur} 可按下式计算：

$$K_{ur} = K_{u0} p_a \left(\frac{\sigma_3}{p_a}\right)^n \qquad\qquad (3.17)$$

$$G_{ur} = G_{u0} p_a \left(\frac{\sigma_3}{p_a}\right) \qquad\qquad (3.18)$$

式中，K_{u0}、G_{u0} 分别为卸载和再加载下的体积模量数和剪切模量数；n 为模量指数，可由卸载试验求得。

（3）加卸载确定。

考虑体积应力 p、广义剪应力 q 对体应变 ε_v、广义剪应变 ε_s 的相互作用，建立分别针对 ε_v、ε_s 的双重加载条件。对体积应变 ε_v 的加载条件：

$$p > p_{max}，或 q > q_{max}，或 q = q_{max} 且 p < p_{max}$$

对广义剪应变 ε_s 的加载条件：

$$q > q_{max}，或 q = q_{max} 且 p < p_{max}$$

式中，p_{max}、q_{max} 为单元应力历史的最大值。

在有限元计算中，对可能出现的完全加载、部分加卸载、完全卸载、重加载等各种情况，采用不同的计算模量。

① 完全加载。

$p > p_{max}$ 或 $q > q_{max}$ 或 $q = q_{max}$ 且 $p < p_{max}$ 成立，按式（3.15）和式（3.16）计算加载时耦合切线体积模量 K_{ld} 及耦合切线剪切模量 G_{ld}。

② 部分加载、部分卸载。

如 $p > p_{max}$ 且 $q \leqslant q_{max}$，则分别按加载和卸载公式计算相应的模量，即 $K_t = K_{ld}$，$G_t = G_{ur}$。

③ 完全卸载、重加载。

如 $p < p_{max}$ 且 $q > q_{max}$，则取卸载模量，即 $K_t = K_{ur}$，$G_t = G_{ur}$。

2. 弹塑性本构模型

1）沈珠江南水模型

沈珠江（1990）在吸收了邓肯-张模型和剑桥模型等模型的优点上，提出了一个双屈服面模型,即南水模型。该模型不仅能够反映出土体的剪胀和剪缩特性,还能对复杂应力状态具有良好的适用性。这种模型既具备剑桥模型的应力-应变关系形式,且其模型参数能如同邓肯-张模型那样通过拟合试验应力-应变关系曲线得出。

(1) 屈服函数与弹塑性矩阵。

沈珠江建议分别采用椭圆和幂函数为第一和第二屈服函数,即

$$f_1 = p^2 + r^2\tau^2, \quad f_2 = \tau^s/p \tag{3.19}$$

式中,r 为椭圆的长短轴之比;s 为幂次;p、τ 分别为八面体正应力和剪应力。

单元的总应变增量可以分解为弹性应变增量 $\mathrm{d}\varepsilon_{ij}^{\mathrm{e}}$ 和塑性应变增量 $\mathrm{d}\varepsilon_{ij}^{\mathrm{p}}$,塑性应变增量部分可以再分为

$$\mathrm{d}\varepsilon_{ij}^{\mathrm{p}} = (\mathrm{d}\varepsilon_{ij}^{\mathrm{p}})_{f_1} + (\mathrm{d}\varepsilon_{ij}^{\mathrm{p}})_{f_2} \tag{3.20}$$

若采用正交的流动法则,则应变增量可表示为

$$\mathrm{d}\varepsilon_{ij} = \mathrm{d}\varepsilon_{ij}^{\mathrm{e}} + A_1\Delta f_1\frac{\partial f_1}{\partial \sigma_{ij}} + A_2\Delta f_2\frac{\partial f_2}{\partial \sigma_{ij}} \tag{3.21}$$

式中,A_1、A_2 为 f_1、f_2 屈服面的塑性系数。由式(3.21),得到它们的体变增量和八面体剪应变增量如下:

$$\mathrm{d}\varepsilon_v = \mathrm{d}\varepsilon_v^{\mathrm{e}} + \mathrm{d}\varepsilon_v^{\mathrm{p}} = \frac{\mathrm{d}p}{K} + A_1\Delta f_1\frac{\partial f_1}{\partial p} + A_2\Delta f_2\frac{\partial f_2}{\partial p}$$

$$\mathrm{d}\gamma = \frac{\mathrm{d}\tau}{G} + \frac{2}{3}\left(A_1\Delta f_1\frac{\partial f_1}{\partial \tau} + A_2\Delta f_2\frac{\partial f_2}{\partial \tau}\right) \tag{3.22}$$

式中,K、G 分别为弹性体积模量和剪切模量。

由式(3.19)得

$$\Delta f_1 = \frac{\partial f_1}{\partial p}\mathrm{d}p + \frac{\partial f_1}{\partial \tau}\mathrm{d}\tau = 2p\mathrm{d}p + 2r^2\tau\mathrm{d}\tau$$

$$\Delta f_2 = \frac{\partial f_2}{\partial p}\mathrm{d}p + \frac{\partial f_2}{\partial \tau}\mathrm{d}\tau = \frac{-\tau^s\mathrm{d}p}{p^2} + \frac{s\tau^{s-1}\mathrm{d}\tau}{p} \tag{3.23}$$

把式(3.23)代入式(3.22),得

$$\mathrm{d}\varepsilon_v = \frac{\mathrm{d}p}{K} + A\mathrm{d}p + C\mathrm{d}\tau \tag{3.24}$$

$$\mathrm{d}\gamma = \frac{\mathrm{d}\tau}{G} + \frac{2}{3}(C\mathrm{d}p + B\mathrm{d}\tau) \tag{3.25}$$

式中,$A = 4A_1p^2 + A_2\dfrac{\tau^{2s}}{p^4}$;$B = 4A_1r^4\tau^2 + A_2\dfrac{s^2\tau^{2s-2}}{p^2}$;$C = 4A_1r^2p\tau - A_2\dfrac{s\tau^{2s-1}}{p^3}$。

在 π 平面上采用 Prandtl-Reuss 流动法则,式(3.25)可扩展为

$$\mathrm{d}e_{ij} = \frac{\mathrm{d}s_{ij}}{2G} + \frac{1}{2}\mathrm{d}\gamma^p\,\frac{s_{ij}}{\tau} = \frac{\mathrm{d}s_{ij}}{2G} + \frac{1}{3}(B\mathrm{d}\tau + C\mathrm{d}p)\,\frac{s_{ij}}{\tau} \tag{3.26}$$

$$\mathrm{d}e_{ij} = \mathrm{d}\varepsilon_{ij} - \frac{1}{3}\mathrm{d}\varepsilon_v\delta_{ij}, \quad s_{ij} = \sigma_{ij} - p\delta_{ij} \tag{3.27}$$

式中，δ_{ij} 为 Kronecker 单位函数。

考虑到 $s_{ij}\mathrm{d}s_{ij} = 3\tau\mathrm{d}\tau$，式（3.26）两边乘上 s_{ij} 后可解出 $\mathrm{d}\tau$，再代回到式（3.24）和式（3.26）中，得到

$$\mathrm{d}p = K_p\mathrm{d}\varepsilon_v - M\frac{s_{ij}}{\tau}\mathrm{d}e_{ij} \tag{3.28}$$

$$\mathrm{d}s_{ij} = 2G\mathrm{d}e_{ij} - M\frac{s_{ij}}{\tau}\mathrm{d}\varepsilon_v - N\frac{s_{ij}}{\tau^2}(s_{kl}\mathrm{d}e_{kl}) \tag{3.29}$$

式中，$K_p = \dfrac{K(3+2GB)}{(3+2GB)(1+KA)-2KGC^2};M = K_p\,\dfrac{2GC}{3+2GB};N = \dfrac{2}{3}G\,\dfrac{2GB-3MC}{3+2GB}$。

（2）塑性系数。

模型中假定塑性系数 A_1 和 A_2 只是应力状态的函数，根据式（3.22）得到 A_1 和 A_2：

$$\left.\begin{aligned}
A_2 &= \frac{\mathrm{d}\gamma - \dfrac{\mathrm{d}\tau}{G} - \dfrac{2}{3}\left(\mathrm{d}\varepsilon_v - \dfrac{\mathrm{d}p}{K}\right)\left(\dfrac{\partial f_1}{\partial \tau}\Big/\dfrac{\partial f_1}{\partial p}\right)}{\dfrac{2}{3}\Delta f_2\left(\dfrac{\partial f_2}{\partial \tau} - \dfrac{\partial f_2}{\partial p}\dfrac{\partial f_1}{\partial \tau}\Big/\dfrac{\partial f_1}{\partial p}\right)} \\[2ex]
A_1 &= \frac{\mathrm{d}\varepsilon_v - \dfrac{\mathrm{d}p}{K} - A_2\Delta f_2\,\dfrac{\partial f_2}{\partial p}}{\Delta f_1\,\dfrac{\partial f_1}{\partial p}}
\end{aligned}\right\} \tag{3.30}$$

室内简单应力路线下试验的结果就可以直接应用于现场的复杂应力条件。此时，$\mathrm{d}\gamma = \sqrt{2}\mathrm{d}\varepsilon_s = \sqrt{2}(\mathrm{d}\varepsilon_1 - \mathrm{d}\varepsilon_v/3)$，$\mathrm{d}p = \mathrm{d}\sigma_1/3$，$\mathrm{d}\tau = (\sqrt{2}/3)\mathrm{d}q = (\sqrt{2}/3)\mathrm{d}\sigma_1$，代入式（3.22），并定义 $E_t = \mathrm{d}q/\mathrm{d}\varepsilon_1 = \mathrm{d}\sigma_1/\mathrm{d}\varepsilon_1$，$\mu_t = \mathrm{d}\varepsilon_v/\mathrm{d}\varepsilon_1$，可解出 A_1 和 A_2 如下：

$$\begin{aligned}
A_2 &= \frac{p^4\tau^2}{\tau^{2s}}\cdot\frac{\left[p\left(\dfrac{9}{E_t} - \dfrac{3\mu_t}{E_t} - \dfrac{3}{G}\right) - \sqrt{2}r^2\tau\left(\dfrac{3\mu_t}{E_t} - \dfrac{1}{K}\right)\right]}{\sqrt{2}(-\tau + \sqrt{2}sp)(p^2s + r^2\tau^2)} \\[2ex]
A_1 &= \frac{3\sqrt{2}\left(\dfrac{\mu_t}{E_t} - \dfrac{1}{3K}\right)ps + \tau\left(\dfrac{9}{E_t} - \dfrac{3\mu_t}{E_t} - \dfrac{3}{G}\right)}{4\sqrt{2}(p + \sqrt{2}r^2\tau)(p^2s + r^2\tau^2)}
\end{aligned} \tag{3.31}$$

式中，E_t 可以采用邓肯-张模型式(3.1)计算，c、φ、R、K、n 等参数可以由试验资料计算。沈珠江院士通过采用抛物线来拟合体变-轴向应变关系曲线。根据 $\mu_t = d\varepsilon_v / d\varepsilon_1$，可以得到

$$\mu_t = 2C_d \left(\frac{\sigma_3}{p_a} \right)^{n_d} \frac{E_i R_s}{\sigma_1 - \sigma_3} \frac{1 - R_d}{R_d} \left(1 - \frac{R_s}{1 - R_s} \frac{1 - R_d}{R_d} \right) \tag{3.32}$$

$$R_d = (\sigma_1 - \sigma_3)_d / (\sigma_1 - \sigma_3)_{ult} \tag{3.33}$$

式中，E_i 为初始加载模量，与邓肯-张模型相同；C_d 为小主应力等于工程大气压时的最大压缩体应变；n_d 为压缩体应变随围压的变化幂次；R_d 为最大体应变对应的应力比；$R_s = SR_f$，S 和 R_f 的含义与邓肯-张模型相同。

卸载再加载的切线模量可由式(3.6)计算。假定泊松比 ν 为常数，则前述公式中的弹性体积模量 K 和剪切模量 G 的计算如下：

$$K = \frac{E_{ur}}{3(1 - 2\nu)}, \quad G = \frac{E_{ur}}{2(1 + \nu)} \tag{3.34}$$

2）殷宗泽模型

殷宗泽(1988)提出了椭圆-抛物线双屈服面模型。殷宗泽假定土体的塑性变形由两部分组成，一是与土体的压缩有关，主要表现那些滑移后引起体积压缩的颗粒的位移特性；二是与土体的膨胀有关，体现那些滑移后导致体积膨胀的颗粒的位移特性。两个屈服面都采用相关联流动法则。

（1）与压缩相关的塑性变形。

对于第一部分的塑性变形，修正的剑桥模型提供了很好的关于体积压缩条件下的屈服准则。殷宗泽采用了邓肯等修改的修正剑桥模型，同时做了一些改进。第一个屈服准则表示为

$$p + \frac{q^2}{M_1^2(p + p_r)} = p_0 = \frac{h\varepsilon_v^p}{1 - t\varepsilon_v^p} p_a \tag{3.35}$$

式中，p_r 为破坏线在 q_f-p 坐标下 p 轴上的截距；M_1 是稍大于 M(临界应力比)的参数，用来代替修正剑桥模型中的 M，与应力-应变曲线的形状有关；p_0 为屈服轨迹与 p 轴的交点坐标；ε_v^p 为塑性体应变；h 和 t 为模型参数。

（2）与剪胀有关的塑性变形。

加载时体积的膨胀有两种主要是由剪应力引起的，因此可以合理地取偏应变作为第二部分的硬化参数

$$\frac{aq}{G} \sqrt{\frac{q}{M_2(p + p_r) - q}} = \varepsilon_s^p \tag{3.36}$$

式中，G 是弹性剪胀模量；M_2 是比 M 略大的参数；a 是主要反映剪胀还是剪缩的一个参数；ε_s^p 为塑性剪应变。

3.1.2　动力本构模型

1. 等效线性模型

等效线性模型采用弹簧元件与阻尼器元件两者并联而成,即把土视为黏弹性体,土体单元在地震动力作用下的应力由弹性恢复力和黏性阻尼力两者共同承当。为了表现其弹性部分的应力-应变非线性关系和阻尼部分的应力与应变也不是椭圆关系的规律,用等效动弹性模量 E_{eq}(或等效动剪切模量 G_{eq})和等效阻尼比 λ_{eq} 这两个参数来反映土的动应力-应变关系的非线性和滞后性,并把它们表示为动应变幅的函数。

等效线性模型不对滞回圈的形状作严格要求,只需要保持滞回圈所围的面积以及滞回圈的斜率随剪应变幅值的变化与土体实际保持大体相似即可,而不用考虑土体的能量耗损的复杂本质。用剪应力幅值与剪应变幅值之比 G_{eq} 作为土体的相应的动剪切模量 G,用等效阻尼比 λ_{eq} 作为相应的土体的动阻尼比 λ,如图 3.1 所示。

$$\lambda_{eq} = \frac{1}{4\pi} \frac{A_L}{A_T} \tag{3.37}$$

式中,A_L 为应力-应变滞回圈内的面积,即一个周期动应变之内的总能量耗散;A_T 为图中三角形 OAB 的面积即等效振动系统中的最大能量输入。

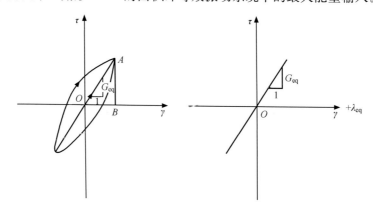

图 3.1　等效线性黏弹性模型

等效线性模型有很多种,不同的模型的差别主要在于描述骨架曲线(模量)和滞回圈(阻尼)形式的差别。最简单的确定 G_{eq} 和 λ_{eq} 的办法是直接根据试验测定的 G_{eq} 和 λ_{eq} 与动应变的关系的数据点进行插值查取,无需定义准确的骨架曲线和滞回圈形式,使用较方便。有一些模型根据试验结果的规律,直接建立等效模量和等效阻尼比与动应变的关系,也没有直接定义骨架曲线和滞回圈的形式。

Hardin-Drnevich 模型和 Ramberg-Osgood 模型都是根据假定的骨架曲线和滞回圈的形式来确定等效模量和等效阻尼比与动应变的关系。

1) Hardin-Drnevich 模型(Hardin and Drnevich,1972)

(1) 骨架曲线。

该模型假设土体的骨架曲线可以用双曲线来近似表示,则可表示为

$$\tau = \frac{\gamma}{a + b\gamma} \tag{3.38}$$

式中,a、b 两个参数由试验确定;τ、γ 分别表示剪应力和剪应变。

当 $\gamma=0$ 时,曲线的切线坡度为最大剪切模量为 $G_{\max}$。γ/τ-γ 为直线关系,在纵轴上的截距为 $1/G_{\max}$,斜率 $b=1/\tau_{\mathrm{ult}}$,τ_{ult} 为剪切强度。

此时

$$\frac{\gamma}{\tau} = \frac{1}{G_{\max}} + \frac{\gamma}{\tau_{\mathrm{ult}}} \tag{3.39}$$

则等效线性剪切模量为

$$G_{\mathrm{eq}} = \frac{\tau}{\gamma} = \frac{1}{\dfrac{1}{G_{\max}} + \dfrac{\gamma}{\tau_{\mathrm{ult}}}} = \frac{G_{\max}}{1 + \dfrac{\gamma}{\gamma_{\mathrm{r}}}} \tag{3.40}$$

式中,γ_{r} 为参考剪切应变,$\gamma_{\mathrm{r}} = \tau_{\mathrm{ult}}/G_{\max}$。

(2) 滞回圈。

该模型的滞回曲线由下面两个条件确定,一是在滞回圈的折返点各作平行于初始斜率 $G_{\max}$ 的直线和平行于横轴的直线,构成了一个平行四边形;二是假定滞回圈的面积与该平行四边形的面积之比为 k,且保持不变,可得等效阻尼比为

$$\lambda_{\mathrm{eq}} = \frac{2}{\pi} k \left(1 - \frac{G_{\mathrm{eq}}}{G_{\max}}\right) \tag{3.41}$$

当 $\gamma \to +\infty$ 时,$G_{\mathrm{eq}}=0$,可以得到 $\lambda_{\max} = 2k/\pi$,$\lambda_{\max}$ 可以由试验确定。

等效阻尼比可以表示为

$$\lambda_{\mathrm{eq}} = \lambda_{\max} \left(1 - \frac{G_{\mathrm{eq}}}{G_{\max}}\right) \tag{3.42}$$

2) Ramberg-Osgood 模型

(1) 骨架曲线。

为了更好地表示较大剪应变幅值时的应力-应变的非线性关系，当剪应变幅值 γ 小于屈服应变 γ_y 时，认为模量不随应变衰减 $G_{eq}=G_{max}$；当剪应变幅值 γ 大于屈服应变 γ_y 时，骨架曲线表示为

$$G_{max}\gamma = \tau + \frac{a\tau^r}{(G_{max}\gamma_y)^{r-1}} \tag{3.43}$$

式中，a 为一个正数；r 是大于 1 的奇数，表示大于 γ_y 以后的非线性程度。当 $r=1$ 时，即为线弹性关系。

当剪应变幅值 γ 大于屈服应变 γ_y 时，等效剪切模量 G_{eq} 表示为

$$G_{eq} = G_{max}\frac{1}{1+a\left(\frac{\tau}{\tau_y}\right)^{r-1}} \tag{3.44}$$

式中，$\tau_y = G_{max}\gamma_y$，相当于屈服应力；r 和 a 的值随土的种类不同而不同。砂土一般 $r=1.8\sim2.0$，$a=1.7\sim1.75$。

（2）滞回圈。

该模型滞回圈的加载支和卸载支的确定是根据 Masing 准则演化而来的。等效阻尼比可表示为

$$\lambda_{eq} = \frac{2}{\pi}\frac{r-1}{r+1}\left(1-\frac{G_{eq}}{G_{max}}\right) \tag{3.45}$$

3）沈珠江模型

（1）等效剪切模量与动应变的关系。

沈珠江和徐刚(1996)根据试验的结果，认为动弹性模量 $1/E_{eq}$ 与动应变 ε_d 之间可通过直线拟合，即为

$$1/E_{eq} = a + b\varepsilon_d \tag{3.46}$$

即

$$\sigma_d = \varepsilon_d/(a+b\varepsilon_d)$$

隐含着骨架曲线为双曲线。式中，a、b 分别为拟合直线的截距和斜率。当 $\varepsilon_d = 0$ 时，$1/a$ 即代表最大的动弹性模量 E_{max}。

一般 E_{max} 和 p 有如下关系：

$$E_{max} = k_2' p_a \left(\frac{p}{p_a}\right)^n \tag{3.47}$$

式中，p_a 为大气压力；p 为平均主应力；k_2' 和 n 为两个动力弹性模量计算参数。

将式(3.47)代入式(3.46)可得

$$\frac{E_{eq}}{E_{max}} = \frac{1}{1+k_1'\bar{\varepsilon}_d} \tag{3.48}$$

式中，$k_1' = k_2' b \sigma_3$；$\bar{\varepsilon}_d = \varepsilon_d \left(\dfrac{p}{p_a} \right)^{n-1}$。

对于黏聚力 $c \approx 0$ 的粗粒料，b 与 σ_3 成反比，或者说当 k_2' 为常数时，k_1' 也应为常数。$\bar{\varepsilon}_d$ 称为归一化的动应变。令 $E_{eq}/E_{max} = 0.5$ 时动应变为 $(\bar{\varepsilon}_d)_{0.5}$，则由式(3.48)，得

$$k_1' = \frac{1}{(\bar{\varepsilon}_d)_{0.5}} \tag{3.49}$$

动力分析中所用的模量一般为剪切模量。动剪切模量和动弹性模量之间有如下关系：

$$G_{eq} = \frac{E_{eq}}{2(1 + \nu_d)} \tag{3.50}$$

而动剪应变 γ_d 和动应变 ε_d 之间有如下关系：

$$\gamma_d = (1 + \nu_d)\varepsilon_d \tag{3.51}$$

式中，ν_d 为动泊松比。

假定滞回圈为双曲线，相应的动剪切模量为

$$G_{eq} = \frac{k_2}{1 + k_1 \gamma_d} p_a \left(\frac{p}{p_a} \right)^n \tag{3.52}$$

由此可得

$$k_2 = \frac{k_2'}{2(1 + \nu_d)} \tag{3.53}$$

$$k_1 = \frac{k_1'}{1 + \nu_d} \tag{3.54}$$

（2）等效阻尼比与动应变的关系。

动力有限元分析中阻尼比 λ 一般采用经验公式，按实测的阻尼比与动应变关系拟合试料的最大阻尼比 λ_{max}'。

$$\lambda = \lambda_{max}' \frac{k_1' \bar{\varepsilon}_d}{1 + k_1' \bar{\varepsilon}_d} \tag{3.55}$$

或

$$\lambda = \lambda_{max} \frac{k_1 \bar{\gamma}_d}{1 + k_1 \bar{\gamma}_d} \tag{3.56}$$

2. 真非线性模型

目前常用的真非线性模型是由中国水利水电科学研究院汪闻韶院士和李万红(1993)提出的，赵剑明等(2003,2004)将该模型进行了完善，并应用到面板堆石坝的动力分析中。该模型由初始加荷曲线、移动的骨干曲线和开放的

滞回圈组成。考虑了振次和初始剪应力比等对变形规律的影响,动力响应过程能够更好地接近实际情况。与等效线性模型相比,其在动力分析时可以同时计算残余变形,但其只考虑了残余剪应变,没有考虑残余体应变。在动力分析中可以随时计算切线模量并进行非线性计算,这样得到的动力响应过程能够更好地接近实际情况。与基于 Masing 准则的非线性模型相比,增加了初始加荷曲线,对剪应力比超过屈服剪应力比时的剪应力-应变关系的描述较为合理,滞回圈是开放的,考虑了振动次数和初始剪应力比等对变形规律的影响。

模型的初始加荷曲线可表示为

$$\tau = \frac{\gamma}{\dfrac{1}{G_{\max}} + \dfrac{\gamma}{\tau_{\max}}} \tag{3.57}$$

模型的骨干曲线可表示为

$$\gamma_{\mathrm{h}} = (\mp) A \tan\varphi' \left(\frac{\sigma'}{p_{\mathrm{a}}}\right)^{\frac{2}{3}} \left[1 - \left(1 - \frac{\mathrm{DRS}_{\mathrm{d}}}{\tan\varphi'}\right)^{\frac{2}{3}}\right] \tag{3.58}$$

模型的滞回圈可表示为

$$\gamma_{\mathrm{h}} = (\mp) A \tan\varphi' \left(\frac{\sigma'}{p_{\mathrm{a}}}\right)^{\frac{2}{3}} \left\{2 \times \left[1 + \frac{(\mathrm{DRS}_{\mathrm{d}} - |\ \mathrm{DRS}\ |) B}{\mathrm{DRS}_{\mathrm{d}}}\right]\right.$$

$$\left. \times \left[1 - \frac{\mathrm{DRS}_{\mathrm{d}} (\pm) \mathrm{DRS}}{2\tan\varphi'}\right]^{\frac{2}{3}} - \left(1 - \frac{\mathrm{DRS}_{\mathrm{d}}}{\tan\varphi'}\right)^{\frac{2}{3}} - 1\right\} \tag{3.59}$$

在式(3.58)和式(3.59)中,在加荷时公式的正负号应取为(一)、(+),在卸荷时公式的正负号应取(+)、(一)。

在此动力本构中,模型的骨干曲线和滞回圈的原点通过不断移动进而产生残余变形,即有

$$\gamma = \gamma_0 + \gamma_{\mathrm{h}} \tag{3.60}$$

以上公式中,τ 和 γ 为单元的剪应力和剪应变;$\tau_{\max}$ 为单元的极限剪应力,$\tau_{\max} = \tau_{\mathrm{f}}/R_{\mathrm{f}}$,$R_{\mathrm{f}}$ 为单元的破坏比,τ_{f} 为单元的破坏剪应力;φ' 为有效内摩擦角;σ' 为有效正应力;γ_0 为模型的骨干曲线和滞回圈原点相应的塑性剪应变;γ_{h} 为以 γ_0 为零点的剪应变;A、B 为模型参数;$\mathrm{DRS}_{\mathrm{d}}$ 为动剪应力比幅值;DRS 动剪应力比,$\mathrm{DRS} = \mathrm{RS} - \mathrm{RS}_0$,$\mathrm{RS} = \tau/\sigma'$,$\mathrm{RS}_0$ 为初始剪应力比。

3.1.3 残余变形模型

1. 谷口模型及修正

日本学者谷口荣一(Taniguchi et al.,1983)提出的直接使用应力和残余

应变试验关系曲线和等效地震惯性力的有限元分析方法,概念比较合理,计算参数可以在循环三轴试验中取得,而且有限元分析程序也不复杂,因此引起国内不少专家学者的重视并得到应用。

谷口荣一根据饱和砂土试验结果建立的经验公式为

$$\frac{\tau_s + \tau_d}{\sigma_0} = \frac{\gamma_r}{a + b\gamma_r} + \frac{\tau_s}{\sigma_0} \tag{3.61}$$

式中,τ 为试样 45° 面上的静、动剪应力之和;τ_s 是初始静剪应力;τ_d 是动剪应力;σ_0 是平均主应力;γ_r 是残余剪应变;a、b 是模型试验参数。

谷口公式可以简化为

$$\frac{\tau_d}{\sigma_0} = \frac{\gamma_r}{a + b\gamma_r} \tag{3.62}$$

式中,τ_d/σ_0 是动剪应力比。

模型中关于主应力比 K_c 和振次 N 对残余变形的影响,是通过式(3.62)中试验系数 a、b 的变化来表示的。即振次一定但 K_c 不同时,参数 a、b 不同。

大连理工大学采用静动耦合的试验方法对不同 K_c 下的残余变形进行了归一处理,并同时采用 γ_r/e 代替 γ_r 考虑了孔隙比 e 变化的影响。因为堆石料和砂砾料在残余变形特性上有所不同,所以分别讨论。

孔宪京等(1994)的研究成果表明,棱角状颗粒的堆石料在振动荷载下较大固结压力时的颗粒破碎率要比小围压时大得多,继而对谷口模型进行如下改进:

$$\frac{\tau_d}{(\sigma_0 p_a)^{0.5}} = \frac{(\gamma_r)/e}{a + b(\gamma_r)/e} \tag{3.63}$$

式中,p_a 是工程大气压,单位同于平均主应力 σ_0。

针对砂砾料,对谷口模型进行如下改进:

$$\frac{\tau_d}{(\sigma_0 p_a)^{0.5}}(K_c - 1) = J(\gamma_r)/e \tag{3.64}$$

式中,参数 J 是永久变形系数。

但谷口模型有一个明显的缺点,不能考虑残余体积变形。

2. 水科院模型

中国水利水电科学研究院提出了水科院残余变形模型(刘小生等,2005),并广泛应用于实际工程中。动剪应力和残余剪应变的关系为

$$\Delta\tau = \frac{\gamma_r}{a + b\gamma_r} \tag{3.65}$$

式中，$\Delta\tau$ 为动剪应力；γ_r 为残余剪应变；a、b 为试验参数。

动剪应力和残余体应变的关系为

$$\varepsilon_{vr} = K(\Delta\tau/\sigma_0)^n \tag{3.66}$$

式中，ε_{vr} 为残余体应变；σ_0 为平均主应力；K、n 为试验参数。

3. 沈珠江残余变形模型及改进

针对排水条件下进行的动三轴试验，沈珠江和徐刚（1996）给出了残余体应变与残余剪应变随应力状态和振次的关系：

$$\varepsilon_{vr} = c_{vr}\log(1+N) \tag{3.67}$$

$$\gamma_r = c_{dr}\log(1+N) \tag{3.68}$$

其中

$$c_{vr} = c_1\gamma_d^{c_2}\exp(-c_3 S_l^2) \tag{3.69}$$

$$c_{dr} = c_4\gamma_d^{c_5}S_l^2 \tag{3.70}$$

在以自然常数 e 为底的对数坐标下，式（3.67）和式（3.68）的残余体应变和残余剪应变增量形式为

$$\Delta\varepsilon_{vr} = c_1\gamma_d^{c_2}\exp(-c_3 S_l^2)\frac{\Delta N}{1+N} \tag{3.71}$$

$$\Delta\gamma_r = c_4\gamma_d^{c_5}S_l^2\frac{\Delta N}{1+N} \tag{3.72}$$

以上各式中，$\Delta\varepsilon_{vr}$ 为残余体积应变增量；$\Delta\gamma_r$ 为残余剪切应变增量；γ_d 为动应变幅值；S_l 为应力水平；N、ΔN 分别为总振动次数及其时段增量；c_1、c_2、c_3、c_4、c_5 为试验参数。

沈珠江模型的关系式最初是由砂土试验推导出的，而对于堆石料的试验，只采用了两个固结比（$K_c=1.0$、$K_c=2.0$），在 $K_c=1.0$ 时残余剪应变很小可忽略不计，仅 $K_c=2.0$ 难以反映应力水平对残余剪应变的影响。式（3.71）和式（3.72）中直接采用 S_l^2 缺乏足够的试验依据。邹德高等（2008）通过大量循环大型三轴试验，着重研究应力水平（固结比分别取 $K_c=1.0$，$K_c=2.0$，$K_c=3.0$）对残余剪切变形的影响，对计算模型进行了改进，并通过有限元计算进一步验证改进的模型，改进后的表达式为

$$c_{dr} = c_4\gamma_d^{c_5}S_l^n \tag{3.73}$$

式中，n 为应力水平指数，一般可取 $0.9\sim1.0$。

3.1.4 广义塑性静、动力本构模型

目前弹塑性模型大致可以分为套叠屈服面模型（Morz，1967；Iwan，1967；

Prevost,1977)、边界面模型(Dafalias and Popov,1975)、多机构塑性模型(Matsuoka et al.,1987)和广义塑性理论模型(Pastor et al.,1985;Zienkiewicz et al.,1985)。其中,在 Zienkiewicz 和 Mroz(1984)提出了广义塑性力学(generalized plasticity)的基本思想之后,Pastor 等(1990)对其基本框架进行了扩展并基于该理论建立了适用于黏土和砂土的 Pastor-Zienkiewicz 本构模型(简称 P-Z 模型)。P-Z 模型具有许多优点,包括不需要定义塑性势面函数直接确定塑性流动方向;不需要定义加载面函数直接确定加载方向;不需要依据相容性条件直接确定塑性模量;可以考虑剪胀和剪缩以及循环累计残余变形。此外,P-Z 模型框架清晰,便于在有限元程序中实现,用一套参数即可完成土工建筑物的静、动力分析过程。即 P-Z 模型不仅适用于土工构筑物的施工填筑过程,也适用于地震动力响应分析,且可以直接计算地震残余变形。

自 P-Z 模型提出以来,在黏土和砂土方面得到了广泛的应用。一些学者根据原有模型的思路,对原始模型做了进一步的改进。如考虑土的各向异性(Pastor,1991)、主应力轴旋转(Sassa and Sekiguchi,2001)、应力水平及循环硬化对土的变形特性的影响(Ling and Liu,2003)及将临界状态引入到模型中以反映较大围压和较大密实度范围的土的变形特性(Ling and Yang,2006;Manzanal et al.,2011)以及在接触面上的应用推广(Liu et al.,2006;Liu and Ling,2008)等。

目前,P-Z 模型在地下管线、地铁、加筋挡土墙和心墙堆石坝等方面均有所应用(Alyami et al.,2000;Sun,2001;刘华北和 Ling,2004;刘华北和宋二祥,2005;刘华北,2006;Li and Zhang,2010;于玉贞和卞锋,2010;邹德高等,2011a;Xu B et al.,2012)。

1. P-Z 本构模型介绍(Pastor-Zienkiewicz Mark Ⅲ)(Chan,1988)

P-Z 模型的广义弹塑性的应力增量可以写成

$$d\boldsymbol{\sigma} = \boldsymbol{D}^{\text{ep}}:d\boldsymbol{\varepsilon} \tag{3.74}$$

式中,$\boldsymbol{D}^{\text{ep}}$ 为弹塑性矩阵,与当前的应力状态、应力水平、应力历史、加卸载方向及颗粒的微观结构的变化等因素有关。应变增量有弹性应变增量 $d\boldsymbol{\varepsilon}_{\text{e}}$ 和塑性应变增量 $d\boldsymbol{\varepsilon}_{\text{p}}$ 两部分:

$$d\boldsymbol{\varepsilon}_{\text{e}} = \boldsymbol{C}^{\text{e}}:d\boldsymbol{\sigma}$$

$$d\boldsymbol{\varepsilon}_{\text{p}} = \frac{1}{H_{\text{L/U}}}\boldsymbol{n}_{\text{gL/U}} \otimes \boldsymbol{n}:d\boldsymbol{\sigma}$$

式中,下标"L"、"U"表示加载和卸载;$\boldsymbol{C}^{\text{e}}$ 为弹性矩阵 $\boldsymbol{D}^{\text{e}}$ 的逆矩阵,$\boldsymbol{n}_{\text{gL}}$、$\boldsymbol{n}_{\text{gU}}$ 为

加载和卸载时塑性流动方向,代表塑性应变增量的方向;$\boldsymbol{n}$ 为加载方向矢量,相当于屈服面法线方向。

矩阵的表达式可以表示为

$$\boldsymbol{D}^{\mathrm{ep}} = \boldsymbol{D}^{\mathrm{e}} - \frac{\boldsymbol{D}^{\mathrm{e}} : \boldsymbol{n}_{\mathrm{gL/U}} \bigotimes \boldsymbol{n} : \boldsymbol{D}^{\mathrm{e}}}{H_{\mathrm{L/U}} + \boldsymbol{n} : \boldsymbol{D}^{\mathrm{e}} : \boldsymbol{n}_{\mathrm{gL/U}}} \tag{3.75}$$

式中,H_{L}、H_{U} 为加载或卸载的塑性模量;$\boldsymbol{D}^{\mathrm{e}}$ 为弹性矩阵。

1) 加卸载准则

不同的模型采用不同形式的加卸载准则,但最简单的还是由 Zienkiewicz 和 Mroz 提出的在应力空间中直接确定加载方向 $\boldsymbol{n}$ 来区分加载与卸载。

$\boldsymbol{n} : \mathrm{d}\boldsymbol{\sigma}^{\mathrm{e}} > 0$,此时表示加载;

$\boldsymbol{n} : \mathrm{d}\boldsymbol{\sigma}^{\mathrm{e}} < 0$,此时表示卸载;

$\boldsymbol{n} : \mathrm{d}\boldsymbol{\sigma}^{\mathrm{e}} = 0$,此时表示中性变载。

式中,$\mathrm{d}\boldsymbol{\sigma}^{\mathrm{e}} = \boldsymbol{D}^{\mathrm{e}} \mathrm{d}\boldsymbol{\varepsilon}$。

2) 塑性流动方向

广义塑性模型的塑性流动方向,可以直接用剪胀比来定义,而不需要定义屈服面。剪胀比 d_{g} 采用 Nova 等(Nova and Wood,1979;Nova,1982)提出的形式,认为只与应力状态有关,其表达式为

$$d_{\mathrm{g}} = \frac{\mathrm{d}\varepsilon_v^{\mathrm{p}}}{\mathrm{d}\varepsilon_s^{\mathrm{p}}} = (1 + \alpha_{\mathrm{g}})(M_{\mathrm{g}} - \eta) \tag{3.76}$$

式中,$\mathrm{d}\varepsilon_v^{\mathrm{p}}$、$\mathrm{d}\varepsilon_s^{\mathrm{p}}$ 分别表示塑性体积应变和塑性剪应变;M_{g} 为临界状态线在 p-q 平面的斜率;η 为应力比 $\eta = q/p$;α_{g} 为材料常数。为了反映一般应力空间中洛德角 $\theta = \frac{1}{3}\sin\left(-\frac{3\sqrt{3}}{2}\frac{J_3}{J_2^{3/2}}\right)$ 对塑性流动方向的影响;M_{g} 表达为残余内摩擦角 ϕ_{g}' 和洛德角 θ 的函数:

$$M_{\mathrm{g}} = \frac{6\sin\phi_{\mathrm{g}}'}{3 + \sin\phi_{\mathrm{g}}'\sin3\theta} \tag{3.77}$$

由式(3.76)积分求得塑性势面

$$G = q - M_{\mathrm{g}}p\left(1 + \frac{1}{\alpha_{\mathrm{g}}}\right)\left[1 - \left(\frac{p}{p_{\mathrm{g}}}\right)^{\alpha_{\mathrm{g}}}\right] = 0 \tag{3.78}$$

式中,G 为加载势函数;p_{g} 为积分常数,与塑性势面的大小有关。

在 (p,q,θ) 空间中,加载塑性流动方向 $\bar{\boldsymbol{n}}_{\mathrm{gL}}$ 为

$$\bar{\boldsymbol{n}}_{\mathrm{gL}}^{\mathrm{T}} = (\bar{n}_{\mathrm{gL}v}, \bar{n}_{\mathrm{gL}s}, \bar{n}_{\mathrm{gL}\theta}) \tag{3.79}$$

式中,$\bar{n}_{\mathrm{gL}v} = \dfrac{d_{\mathrm{g}}}{\sqrt{1 + d_{\mathrm{g}}^2}}$;$\bar{n}_{\mathrm{gL}s} = \dfrac{1}{\sqrt{1 + d_{\mathrm{g}}^2}}$; Pastor 和 Zienkiewicz(Pastor-Zienkiewicz Mark Ⅰ 和 Mark Ⅱ)建议 $\bar{n}_{\mathrm{gL}\theta}$ 取 0,Chan 等(1988)根据式(3.78)对 $\bar{n}_{\mathrm{gL}\theta}$ 进行了修改,$\bar{n}_{\mathrm{gL}\theta} = \dfrac{-q M_{\mathrm{g}} \cos 3\theta}{2 \sqrt{1 + d_{\mathrm{g}}^2}}$。

卸载塑性流动方向矢量 $\bar{\boldsymbol{n}}_{\mathrm{gU}}$ 为

$$\bar{\boldsymbol{n}}_{\mathrm{gU}}^{\mathrm{T}} = (\bar{n}_{\mathrm{gU}v}, \bar{n}_{\mathrm{gU}s}, \bar{n}_{\mathrm{g}\theta}) \tag{3.80}$$

式中,$\bar{n}_{\mathrm{gU}v} = -|\bar{n}_{\mathrm{gL}v}|$;$\bar{n}_{\mathrm{gU}s} = \bar{n}_{\mathrm{gL}s}$;$\bar{n}_{\mathrm{gU}\theta} = \bar{n}_{\mathrm{gL}\theta}$。

3) 加载方向

加载方向表示屈服面的外法线方向。采用与塑性流动方向相似的表达形式:

$$d_{\mathrm{f}} = (1 + \alpha_{\mathrm{f}})(M_{\mathrm{f}} - \eta) \tag{3.81}$$

式中,α_{f}、M_{f} 为常数。如果取 α_{f}、M_{f} 分别等于 α_{g}、M_{g},那么本构关系是相关联的,切线刚度矩阵是对称的。

加载方向 $\bar{\boldsymbol{n}}$ 通常采取与塑性流动方向矢量 $\bar{\boldsymbol{n}}_{\mathrm{gL}}$ 相同的形式

$$\bar{\boldsymbol{n}}^{\mathrm{T}} = (\bar{n}_v, \bar{n}_s, \bar{n}_\theta) \tag{3.82}$$

式中,$\bar{n}_v = \dfrac{d_{\mathrm{f}}}{\sqrt{1 + d_{\mathrm{f}}^2}}$;$\bar{n}_s = \dfrac{1}{\sqrt{1 + d_{\mathrm{f}}^2}}$;$\bar{n}_\theta = \dfrac{-q M_{\mathrm{f}} \cos 3\theta}{2 \sqrt{1 + d_{\mathrm{f}}^2}}$。

为了反映一般应力空间中洛德角对加载流动方向的影响,M_{f} 采用与 M_{g} 相似的处理方法。

屈服面也可通过加载方向积分而得

$$F = q - M_{\mathrm{f}} p \left(1 + \frac{1}{\alpha_{\mathrm{f}}}\right) \left[1 - \left(\frac{p}{p_{\mathrm{f}}}\right)^{\alpha_{\mathrm{f}}}\right] = 0 \tag{3.83}$$

式中,F 为屈服势函数;p_{f} 是积分常数,由屈服面大小决定。

4) 塑性模量

塑性模量的确定是广义塑性模型的难点,它与加载方向、塑性流动方向及其他一些内变量等都有关。一般要满足:

(1) 第一次达到 M_{g} 时不发生破坏;

(2) 残余状态时,塑性模量 $H = 0$,峰值应力时 $H = 0$。

P-Z 模型的加载塑性模量为

$$H_{\mathrm{L}} = H_0 p H_{\mathrm{f}} (H_v + H_s) H_{\mathrm{DM}} \tag{3.84}$$

式中,$H_{\mathrm{f}} = (1 - \eta/\eta_{\mathrm{f}})^4$,$\eta_{\mathrm{f}} = (1 + 1/\alpha_{\mathrm{f}}) M_{\mathrm{f}}$;$H_v = 1 - \eta/M_{\mathrm{g}}$;$H_s = \beta_0 \beta_1 \exp(-\beta_0 \xi)$,$\xi = \int |\mathrm{d}\varepsilon_s|$;$H_{\mathrm{DM}} = (\eta/\eta_{\max})^{-\gamma_{\mathrm{DM}}}$。其中,$H_0$、$\beta_0$、$\beta_1$、$\gamma_{\mathrm{DM}}$ 均为材料参数;$\eta_{\max}$ 是曾经达到的最大的应力比值。当达到临界状态时,$\eta = M_{\mathrm{g}}$,则

$H_v \to 0$。H_s 为偏应变硬化函数,随偏应变的增加,H_s 逐渐趋近为零。当 H_v、H_s 两者都趋近于零时,土体接近于破坏状态。

对土体材料来说,卸载期间所产生的塑性变形的作用(或影响)是不能忽略的。卸载时的塑性模量可表示为

$$H_U = \begin{cases} H_{U0}\,(\eta_U/M_g)^{-\gamma_U}, & |\eta_U/M_g| < 1 \\ H_{U0}, & |\eta_U/M_g| \geqslant 1 \end{cases} \tag{3.85}$$

式中,H_{U0}、γ_U 是材料参数;η_U 是卸载时的应力比。

在 P-Z 模型中,假定 K 和 G 随着平均主应力 p 线性变化

$$K = K_0 p \tag{3.86}$$
$$G = G_0 p \tag{3.87}$$

式中,K_0、G_0 是初始体积模量和剪切模量参数。

5) 模型三维化

塑性流动方向 $\bar{n}_{gL/U}$ 和加载方向 $\bar{n}$ 是对应于 $\bar{\sigma}^T = (p, q, \theta)$ 空间的。进行有限元计算时需要推广到一般应力状态。确定三维应力空间的塑性流动方向 $\bar{n}_{gL/U}$ 和加载方向 n 可以采用 Chan 等(1988)提出的方法。

以加载方向为例

$$d\bar{\sigma} : \bar{n} = d\sigma : n \tag{3.88}$$
$$d\bar{\sigma} = \frac{\partial\bar{\sigma}}{\partial\sigma} : d\sigma \tag{3.89}$$

由式(3.88)和式(3.89)可以得到一般应力状态下加载方向

$$n = \bar{n}\frac{\partial\bar{\sigma}}{\partial\sigma} \tag{3.90}$$

同样对于塑性流动方向 $n_g = \bar{n}_g\dfrac{\partial\bar{\sigma}}{\partial\sigma}$,其中 σ 是三维空间应力张量。

2. 改进的 P-Z 模型

由于广义塑性 P-Z 模型提出时,主要针对砂土的液化问题。砂土液化分析时围压的变化范围较小,而高土石坝坝体内部平均主应力的变化范围较大,P-Z 模型在考虑压力相关性时其参数受平均主应力的影响较大,因此,该模型在高土石坝静、动力分析方面的应用存在一定局限性。邹德高等(2011a)对 P-Z 模型进行了改进,在弹性模量、加载模量和卸载模量方面考虑了筑坝材料的应力相关性,并在 GEODYNA 软件平台上开发了改进广义塑性模型的土石坝三维静、动力计算模块,对面板堆石坝施工、蓄水过程进行了三维有限元数值分析。修改后的塑性模量(包括加载和卸载模量)和弹性模量为

$$H_{\mathrm{L}} = H_0 p_{\mathrm{a}} (p/p_{\mathrm{a}})^{m_{\mathrm{l}}} H_{\mathrm{f}} (H_v + H_s) H_{\mathrm{DM}} H_{\mathrm{den}} \tag{3.91}$$

$$H_{\mathrm{U}} = \begin{cases} H_{\mathrm{U0}} p_{\mathrm{a}} (p/p_{\mathrm{a}})^{m_{\mathrm{U}}} (\eta_{\mathrm{U}}/M_{\mathrm{g}})^{-\gamma_{\mathrm{U}}}, & \mid \eta_{\mathrm{U}}/M_{\mathrm{g}} \mid < 1 \\ H_{\mathrm{U0}}, & \mid \eta_{\mathrm{U}}/M_{\mathrm{g}} \mid \geqslant 1 \end{cases} \tag{3.92}$$

$$K = K_0 p_{\mathrm{a}} (p/p_{\mathrm{a}})^{m_v} \tag{3.93}$$

$$G = G_0 p_{\mathrm{a}} (p/p_{\mathrm{a}})^{m_s} \tag{3.94}$$

为了能更好地考虑堆石料的滞回特性,还将应力历史函数 H_{DM} 再加载时修改为

$$H_{\mathrm{DM}} = \exp((1 - \eta/\eta_{\max})\gamma_{\mathrm{DM}}) \tag{3.95}$$

同时考虑了循环致密的影响,$H_{\mathrm{den}} = \exp(\gamma_{\mathrm{d}} \varepsilon_v^{\mathrm{p}})$ 为致密系数,用来考虑堆石料循环硬化特性。其中 $\varepsilon_v^{\mathrm{p}}$ 为塑性体积应变。

3. 模型参数的确定

1) 模型参数

模型参数可以参考 Zienkiewicz 等(1998)中的方法进行确定。主要包括两部分:

(1) 弹性部分。

G_0、m_s:初始剪切模量,根据剪应力与剪应变 q-ε_s 试验曲线的初始段或卸载段的斜率确定。

K_0、m_v:初始体积模量,根据平均主应力与体应变 p-ε_v 试验曲线的初始斜率段确定。二者也可根据室内或实地的波速测定。

(2) 塑性部分。

① 塑性流动方向和塑性加载方向相关参数。

α_{g}:根据三轴试验测定应力-应变关系曲线,从而整理出剪胀比 d_{g} 与应力比 η 之间的关系,根据其斜率确定。

α_{f}:通常可取 α_{g},即加载面与塑性面形状相似,或采用优化算法进行确定。

M_{g}:临界应力比,即为剪应力和体应变不再随轴向应变变化时(临界状态)时应力比 η 的大小,与围压及孔隙比无关。可通过应力比与剪应变关系曲线或应力比与轴向应变关系曲线确定。

M_{f}:根据砂土的研究成果,一般认为 $M_{\mathrm{f}}/M_{\mathrm{g}}$ 在较密实时接近于 1,在较松散时接近于 0,大致认为 $M_{\mathrm{f}}/M_{\mathrm{g}} = D_{\mathrm{r}}$($D_{\mathrm{r}}$ 为相对密度),或根据优化算法进行确定。

② 塑性模量相关参数。

塑性模量中加载及再加载的相关参数 H_0、m_{l}、β_0、β_{l} 主要根据静力试验曲

线采用优化算法通过拟合确定。通过控制参数 β_0、β_1 使模型第一次到达临界应力比 M_g 时并不破坏。

卸载模量的相关参数 H_{U0}、m_U、γ_d、γ_{DM}、γ_U 主要根据循环荷载试验采用优化算法通过拟合确定。γ_d 考虑了排水密实的影响，γ_{DM} 表示应力历史的影响，γ_U 表示卸载塑性模量受卸载发生时应力比大小的影响程度。

2）参数优化算法

近几年,智能优化算法作为一种新兴的优化算法已有很多的研究,包括粒子群法、遗传法、蚁群法、模拟退火法等。其中粒子群优化算法(PSO)最初是由 Kennedy 和 Eberhart(1995)受人工生命研究的结果启发,在模拟鸟群觅食过程中的迁徙和群集行为时提出的一种基于群体智能的演化计算技术。PSO的优点在于算法参数简洁,易编程实现,在多维空间函数寻优、动态目标寻优等方面有着收敛速率快、解质量高、鲁棒性好等优点,能以较大概率找到问题的全局最优解,且计算效率比传统随机方法高,而且有深刻的智能背景,既适合科学研究,又适合工程应用。目前,PSO已广泛应用于函数优化、神经网络训练、模式分类、模糊系统控制以及其他领域。

PSO方法虽然提供了全局搜索的可能,但在后期搜索时容易陷入到局部极值点中;由于缺乏精密搜索方法的配合,PSO方法往往不能得到精确的结果,并不能严格证明它在全局最优点上的收敛性。为了解决这一问题,采用的是在其他学者研究的基础上结合了边界变异和维变异的粒子群法,边界变异能避免粒子处于边界上,维变异能使粒子跳出局部最优。

（1）粒子群算法原理。

PSO算法是根据种群中的个体对环境的适应值的大小,然后将种群按一定的规则移动到最好的位置。每个个体(粒子)为 N 维搜索空间的一个点,维数即是需要确定的未知数的个数,粒子的位置的变化(未知数的变化)是按一定速率进行的,速率包含了三个组成部分(见图 3.2 和式(3.96)～式(3.98))：① BB_1,记忆的粒子初始的速度 ωv_i^k;② BB_2,为认知部分,表示粒子本身的思考 $c_1 r_1 (p_i - x_i^k)$;③ BB_3,为社会影响的部分 $c_2 r_2 (p_g - x_i^k)$。根据速率确定下一代粒子的位置,并计算其适应值,然后再根据适应值进行下一次计算,直到满足要求为止。

$$v_i^{k+1} = \omega v_i^k + c_1 r_1 (p_i - x_i^k) + c_2 r_2 (p_g - x_i^k) \qquad (3.96)$$

$$x_i^{k+1} = x_i^k + v_i^{k+1} \qquad (3.97)$$

$$\omega = \omega_{max} - (\omega_{max} - \omega_{min})(k/N) \qquad (3.98)$$

式中, x_i^k 表示第 k 代第 i 个粒子的位置,粒子的位置即是需要确定的各项参数值；v_i^k 表示第 k 代第 i 个粒子的速率，粒子的速率即是需要确定的各项参数的变化速率；p_i 表示粒子的个体最优位置；p_g 表示粒子的全局最优位置；ω 表示粒子速率对上次速度的记忆，ω_{max}、ω_{min} 表示最大和最小权重，ω 在初始循环阶段较大，不易陷入局部极值点，在较大循环时较小，更易全局收敛；c_1、c_2 是粒子位置移向粒子最优和全局最优的权重。本次 c_1、c_2 是加速常数，$c_1 = 0.5$，$c_2 = 1.0$；r_1、r_2 是为 $0 \sim 1$ 的随机数（以下 rand 也表示 $0 \sim 1$ 的随机数）；k 表示第 k 次循环；N 为总迭代次数。

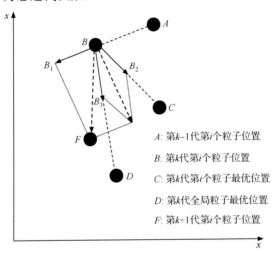

图 3.2　粒子群算法原理示意图

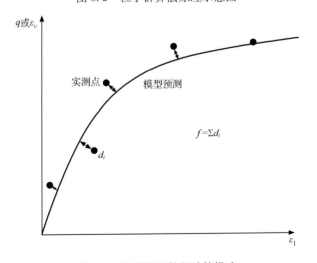

图 3.3　适应度函数的计算模式

（2）粒子群算法的实现。

为了更好地确定广义塑性模型参数，对粒子群算法进行了实现。模型共有 17 个参数，因此第 k 代第 i 个粒子的位置可表示成 17 维的函数 $x_i^k = (x_1, x_2, \cdots, x_{17}) = (G_0, m_s, K_0, m_v, \alpha_g, \alpha_f, M_g, M_f, H_0, m_1, \beta_0, \beta_1, H_{U0}, m_U, \gamma_d, \gamma_{DM}, \gamma_U)_i^k$。其中有一些参数可以由试验结果进行较精确的确定，如弹性模量的参数等，这些参数在优化过程中通过设定上限 $x_{up} = (x_1, x_2, \cdots, x_{17})_{up}$ 等于下限 $x_{do} = (x_1, x_2, \cdots, x_{17})_{do}$，不必考虑其变化，对于无法确定的参数需设定其范围。粒子群算法具体实现步骤如下：

第一，根据给定的参数的大致范围，按 $x_i^0 = x_{do} + \text{rand}(x_{up} - x_{do})$，随机设定每个粒子的初始位置 x_i^0，按 $v_i^0 = 0.1\text{rand}(x_{up} - x_{do})$ 确定初始速度 v_i^0，计算粒子 x_i^0 的适应值 f_i^0，获取初始粒子最优位置 p_i 及适应值 f_i，初始全局最优位置 p_g 及适应值 f_g。其中适应函数的选取为 $f = f_{q\varepsilon_1} + \omega_1 f_{\varepsilon_1 - \varepsilon_v}$，其中 ω_1 是权重，$f_{q\varepsilon_1}$ 表示 $q\varepsilon_1$ 空间（偏应变与轴向应变）的适应函数值，$f_{\varepsilon_1 - \varepsilon_v}$ 表示 $\varepsilon_1 - \varepsilon_v$ 空间（轴向应变与体积应变）的适应函数值。适应度函数按图 3.3 的方法进行计算。

第二，根据速率控制公式（3.96）和式（3.97）进行第一次循环粒子的进化得到第一代粒子的位置。其中做了以下规定：

① 为了保持种群的多样性，参考周明和孙树栋（2001）研究成果，引入非均匀变异算子对当前的粒子位置进行一定的概率的挠动。以第 k 次循环 i 个粒子（粒子为第 k 代）为例

$$x_i^k = x_i^k + (x_{up} - x_i^k)(1 - \text{rand}^{2(1-k/N)}), \qquad \text{当 temp} = 0 \text{ 时}$$
$$x_i^k = x_i^k - (x_{up} - x_i^k)(1 - \text{rand}^{2(1-k/N)}), \qquad \text{当 temp} = 1 \text{ 时}$$

本次取 temp＝2rand，条件设定可根据需要进行调整。

② 对越界的粒子按随机的原则调整粒子位置到参数越界的半区间内

$$\text{if } (x_i^k > x_{up}) x_i^k = x_{up} - 0.5c\text{rand}(x_{up} - x_{do})$$
$$\text{if } (x_i^k < x_{do}) x_i^k = x_{do} + 0.5c\text{rand}(x_{up} - x_{do})$$

式中，c 值可根据需要进行取值，本次取 1.0。

③ 当粒子全局最优位置连续不变次数 BYZB（变异指标）达到设定次数 station 时，对粒子最优位置进行挠动。将 p_g 按一定的概率（可自由设定，本次如果 rand＞0.5，则不进行挠动并且 station 归零）变换为一定程度挠动的临时值 $p_g^{\text{temp}} = p_g + p_g(0.5 - \text{rand})$（实际 p_g 位置并不改变）并同时 station 清零，用于进行下一代的粒子速率的确定。

第三，根据第二步中设定确定的新一代粒子的位置，计算粒子的适应值并

与上一代的比较,更新粒子的最优位置、最优适应值及粒子全局最优位置。

第四,当全局最优适应值 f 达到要求或达到设定迭代次数时,停止搜索,否则重复第二步和第三步的过程。

以上是粒子群模型参数确定的过程。在进行参数搜索时,最好先进行少量次数的粒子群搜索,确定进一步搜索的参数的大致范围,然后再进行较大规模的搜索。其中第二步中做的一些设定可以根据不同问题的需要进行调整,这些设定的目的都是为了保证种群的多样性和避免过早局部收敛从而达到全局收敛的目的。

3) 实例验证

根据文献中不同应力路径条件下的试验结果(曹光栩等,2010;Xu M et al.,2012),采用粒子群优化算法对模型参数(见表 3.1)进行了标定。试验所涉及的应力路径类型包括如下 4 种:①常规三轴压缩试验;②等 σ_1 压缩试验;③等 p 压缩试验;④侧限压缩试验。图 3.4 为常规压缩试验的应力-应变关系曲线、体变-轴变曲线与模型模拟结果的对比。图 3.5 是不同应力路径的试验结果与模拟结果的对比,图 3.6 是侧限压缩试验结果与模拟结果的对比。可以看出,模型模拟值与试验值基本一致。表明改进的 P-Z 模型对不同加载路径都表现出很好的适应性,能够比较好地反映不同应力路径下粗粒料的应力路径相关性。同时表明采用粒子群优化算法进行模型参数标定是合理的。

表 3.1 粗粒料广义塑性模型计算参数

弹性参数				塑性流动和加载方向参数				塑性模量参数			
G_0	K_0	m_s	m_v	M_g	M_f	α_f	α_g	H_0	m_1	β_0	β_1
600	800	0.5	0.5	1.63	0.82	0.26	0.45	613	0.3	25	0.026

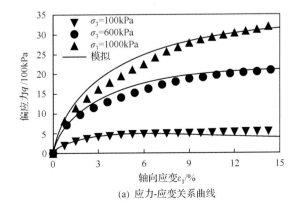

(a) 应力-应变关系曲线

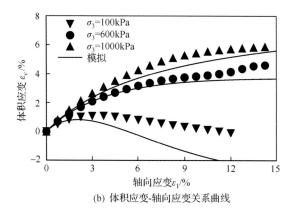

(b) 体积应变-轴向应变关系曲线

图 3.4　常规三轴压缩试验结果与模拟结果比较(曹光栩等,2010;Xu M et al.,2012)

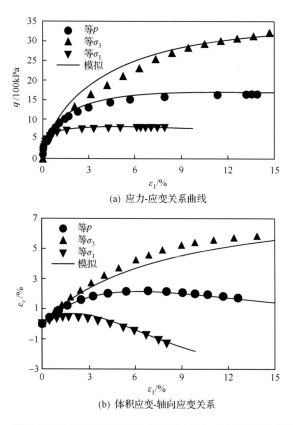

图 3.5　不同应力路径下试验结果与模拟结果(初始固结围压均为 1MPa)
(曹光栩等,2010;Xu M et al.,2012)

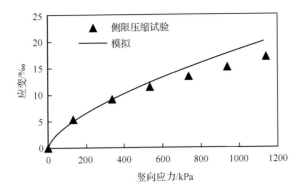

图 3.6 灰岩碎石料侧限压缩试验结果与模拟结果（曹光栩等，2010）

3.2 筑坝堆石料接触面本构模型

3.2.1 Clough-Duncan 双曲线模型

Clough-Duncan 双曲线模型（Clough and Duncan，1971）目前广泛地应用于模拟面板堆石坝填筑和蓄水过程中面板和垫层的接触问题，剪切刚度和法向刚度可以表示为

$$k_{zx} = k_1 p_a \left(\frac{\sigma_z}{p_a}\right)^n \left(1 - \frac{R_f \tau_{zx}}{\sigma_z \tan\varphi + c}\right)^2 \tag{3.99}$$

$$k_{zy} = k_1 p_a \left(\frac{\sigma_z}{p_a}\right)^n \left(1 - \frac{R_f \tau_{zy}}{\sigma_z \tan\varphi + c}\right)^2 \tag{3.100}$$

$$k_{zz} = k_2, \qquad 压缩 \tag{3.101}$$

$$k_{zz} = 0, \qquad 拉伸 \tag{3.102}$$

式中，p_a 为标准大气压；k_{zx} 和 k_{zy} 为剪切刚度；k_1 为剪切刚度系数；n 为剪切模量指数；R_f 为破坏比；φ 为接触面内摩擦角；σ_z 为法向应力；τ_{zx} 和 τ_{zy} 为剪切应力；c 为黏聚力，$k_{zz} = k_2$ 为法向压缩刚度。

3.2.2 理想弹塑性接触面模型

理想弹塑性模型，剪切刚度和法向刚度可以表示为

$$k_{zx} = k_1 p_a \left(\frac{\sigma_z}{p_a}\right)^n, \qquad \tau < c + \sigma \tan\varphi \tag{3.103}$$

$$k_{zy} = k_1 p_a \left(\frac{\sigma_z}{p_a}\right)^n, \qquad \tau < c + \sigma \tan\varphi \tag{3.104}$$

$$k_{zy} = 0, \quad k_{zr} = 0, \quad \tau = c + \sigma\tan\varphi \qquad (3.105)$$

$$k_{zz} = k_2, \qquad 压缩 \qquad (3.106)$$

$$k_{zz} = 0, \qquad 拉伸 \qquad (3.107)$$

3.2.3　弹塑性损伤接触面模型

张嘎与张建民(2005)提出了一个适用于单调和循环问题的弹塑性损伤接触面模型(EPDI 模型)。在二维应力条件下,应力与位移的关系可以表示为

$$\begin{Bmatrix} \mathrm{d}u \\ \mathrm{d}v \end{Bmatrix} = t \begin{bmatrix} \dfrac{1}{G_e} + \dfrac{1}{H_r} & \dfrac{1}{H_{rd}}\dfrac{|\tau|}{\sigma} \\ \dfrac{\frac{1}{\mu} + n_a + A_1}{H_r} & \dfrac{C + C_e}{\sigma} - \dfrac{\frac{1}{\mu} + n_a + A_1}{H_{rd}}\dfrac{|\tau|}{\sigma} \end{bmatrix} \begin{Bmatrix} \mathrm{d}\tau \\ \mathrm{d}\sigma \end{Bmatrix} \quad (3.108)$$

式中,G_e 是接触面的弹性模量。$H_r = \left(1 - \dfrac{\rho}{\rho_0}\right)^2 H_{rd}$,如图 3.7 所示,$\rho_0 = |r_0 r|$,$\rho = |r_0 \bar{r}|$,边界面表达式为 $\tau_f = (1 - D_\varphi)\sigma\tan\varphi_0 + D_\varphi\sigma\tan\varphi_u$,其中,损伤变量 D_φ 反映损伤对抗剪强度的影响,φ_0 和 φ_u 分别表示初始状态和最终状态时的内摩擦角。$H_{rd} = (1 - D)G_0 p_a \left(\dfrac{\sigma}{p_a}\right)^{n_0} + DG_u\sigma$,其中初始剪切模量数 G_0 和初始剪切模量指数 n_0 可由试验确定,最终剪切模量数 G_u 可取为接触面厚度的 0.2 倍。$\dfrac{1}{\mu} = \dfrac{1 - D}{\mu_h}\left(M_0 \mp \dfrac{|\tau|}{\sigma}\right) \mp D\dfrac{H_r}{\mu_u}$,其中 $\mu_h = \dfrac{\mu_0}{b_\mu}\left(\dfrac{\sigma}{p_a}\right)^{m_0} \times \left[\dfrac{\gamma_1^p}{\gamma_{max}} + b_{\mu 0}\left(\dfrac{\sigma}{p_a}\right)^{n_{b\mu}}\right]^2$,表达式中的 $\dfrac{1}{\mu}$,当加载时取"−"号,卸载时取"+"号;初始同向性剪胀模量数 μ_0、初始同向性剪胀指数 m_0、同向性剪胀修正数 $b_{\mu 0}$、同向性剪胀修正指数 $n_{b\mu}$ 等模型参数可由试验确定,试验表明初始相变角 M_0 一般可取 0.5,最终同向性剪胀模量数 μ_u 一般可取 400。γ_1^p 为从映射点开始的应力路径中累积的塑性剪应变,γ_{max} 为最大有效剪应变,长度可取 2。$n_a = kIb_k\left(\dfrac{\gamma_1^p}{\gamma_{max}} + b_k\right)^{-2}$,其中 $k = (1 - D)k_0\left(\dfrac{\sigma}{p_a}\right)^{m_{k0}} + Dk_u$,初始异向性剪胀系数 b_k 一般可取 0.8,最终异向性剪胀模量数 k_u 一般可取 0.015,初始异向性剪胀模量数 k_0,初始异向性剪胀模量指数 m_{k0} 等模型参数可由试验确定;I 是剪切过程中接触面异向性发挥程度的量度,单调加载时等于 0,循环加载时 I 值与加载历史有关,按式(3.109)计算

$$I = (\rho/\rho_0)_{mono,max}\cos\theta' \qquad (3.109)$$

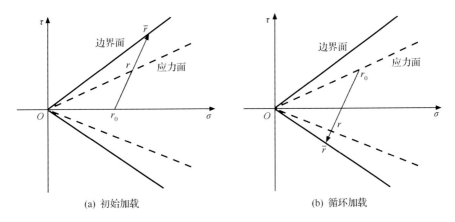

(a) 初始加载　　　　　　　　　　　　　(b) 循环加载

图 3.7　映射法则

式中，$(\rho/\rho_0)_{mono,max}$ 是初次剪切边界面模型中 ρ/ρ_0 的最大值；θ' 是当前剪应力增量方向与初次加载应力路径的剪应力增量方向按应力的加权平均值；$A_1 = b\left(\dfrac{1}{B} + \dfrac{\bar{\gamma}_{mob}}{B^2 \varepsilon_{vd,ir,ult}}\right)\left(\dfrac{\gamma_1^p}{\gamma_{max}} + b\right)^{-2}$，其中，$\bar{\gamma}_{mob} = \alpha\left(\dfrac{\sigma}{p_a}\right)^{-\beta}\dfrac{\varepsilon_{vd,ir}}{1 - \dfrac{\varepsilon_{vd,ir}}{\varepsilon_{vd,ir,ult}}}$；$B = \dfrac{\bar{\gamma}_{mob}}{\varepsilon_{vd,ir,ult}}$

$+\alpha\left(\dfrac{\sigma}{p_a}\right)^{-\beta}$，$\varepsilon_{vd,ir}$ 为不可逆剪胀体应变，$\varepsilon_{vd,ir,ult}$ 为极限不可逆剪胀体应变。

当接触面采用无厚度 Goodman 单元时，t 表示材料试验测定的接触面厚度，当接触采用薄层单元模拟时，t 表示薄层单元的厚度。

采用 $df = \sigma d|\tau| - |\tau| d\sigma$ 进行判断加卸载，规定 $df > 0$ 表示加载，$df \leqslant 0$ 表示卸载。

张嘎和张建民（Zhang and Zhang, 2008）将该模型推广到三维应力条件，并对其单调荷载下的适应性进行了研究。

3.2.4　广义塑性接触面模型

1. 二维广义塑性接触面模型

Liu 等（Liu et al., 2006；Liu and Ling, 2008）基于临界状态和广义塑性框架提出了一个接触面模型。该模型是在平面应变的条件下提出的，可以较好地模拟接触面在二维单调和循环荷载条件下的变形特性。

1）临界状态与颗粒破碎

目前临界状态理论已经被广泛地应用于黏土和无黏性土的本构关系中

(Kaliakin and Dafalias, 1990; Manzari and Dafalias, 1997; Li et al. , 2000; Ling and Yang, 2006; Daouadji and Hicher, 2010; Salim and Indraratna, 2004; Liu and Zou, 2013)。与无黏性土类似,接触面试验表明(Evigin and Fakharian, 1996; Shahrour and Rezaie, 1997; Zhang and Zhang, 2008),其在低法向应力或高密度条件下发生剪胀,高法向应力或低密度下发生剪缩。在较大剪切位移时,随着剪切位移的增加,法向位移不再发生变化,这与 Roscoe 等(1958)定义的临界状态概念相符。

假定接触面的变形均匀及接触面的厚度不发生变化,孔隙比 e 可以定义为

$$e = e_0 - \frac{v}{t}(1 + e_0) \tag{3.110}$$

式中,e_0 为初始孔隙比;v 为法向位移;t 是接触面的厚度,一般等于 $5 \sim 10$ 倍的平均粒径。

与黏土和砂土类似,单调荷载下接触面的临界状态线表示为

$$e_c = e_{r0} - \lambda \log\left(\frac{\sigma_n}{p_a}\right) \tag{3.111}$$

式中,e_c 为临界孔隙比;e_{r0}、λ 分别表示临界状态线的截距和斜率。

但传统的临界状态理论不能反映循环荷载下颗粒破碎引起的较大的接触面法向变形。为了反映循环荷载下颗粒破碎的影响,Liu 和 Ling(2008)假定临界状态线随着塑性功的增加发生平移

$$e_{r0} = e_{r0}^i - c_1(W_p - W_{thr}) \tag{3.112}$$

式中,e_{r0}^i 为无颗粒破碎下临界状态线的截距;c_1 和 W_{thr} 是模型参数,用来反映塑性功对临界状态的影响,当 $W_p - W_{thr} < 0$ 时,$e_{r0} = e_{r0}^i$。在该模型中,单调荷载条件下颗粒破碎的影响并没有考虑。

2)应力增量与位移增量的关系

接触面弹塑性矩阵 $\boldsymbol{D}^{ep}$ 表达式与式(3.75)是一致的。二维应力条件下,应变增量与位移增量的关系表示为

$$\begin{Bmatrix} d\tau \\ d\sigma \end{Bmatrix} = \frac{1}{t} \boldsymbol{D}^{ep} \begin{Bmatrix} du \\ dv \end{Bmatrix} \tag{3.113}$$

3)加卸载判断

加卸载判断方法与 3.1.4 节砂土的广义塑性模型的一致。

4)弹性模量

采用非耦合的弹性模量:

$$\left\{\begin{matrix} \mathrm{d}\tau \\ \mathrm{d}\sigma \end{matrix}\right\} = \frac{1}{t} \left\{\begin{matrix} D_{\mathrm{s}} & \\ & D_n \end{matrix}\right\} \left\{\begin{matrix} \mathrm{d}u^{\mathrm{e}} \\ \mathrm{d}\upsilon^{\mathrm{e}} \end{matrix}\right\} \tag{3.114}$$

$$D_{\mathrm{s}} = D_{\mathrm{s}0} \frac{1+e}{e} \left[\left(\frac{\sigma_n}{p_{\mathrm{a}}}\right)^2 + \left(\frac{\tau}{p_{\mathrm{a}}}\right)^2 \right]^{0.5} \tag{3.115}$$

$$D_{\mathrm{n}} = \frac{D_{\mathrm{n}0}}{D_{\mathrm{s}0}} D_{\mathrm{s}} \tag{3.116}$$

式中，$\mathrm{d}u^{\mathrm{e}}$、$\mathrm{d}\upsilon^{\mathrm{e}}$ 分别表示弹性法向和切向位移；$D_{\mathrm{n}0}$ 和 $D_{\mathrm{s}0}$ 是模型常数；p_{a} 是标准大气压。

5）塑性流动方向

加载时剪胀方程为

$$d_{\mathrm{g}} = \frac{\mathrm{d}\varepsilon_n^{\mathrm{p}}}{\mathrm{d}\gamma^{\mathrm{p}}} = \alpha(M_{\mathrm{c}} + k_{\mathrm{m}}\psi - \eta)\exp(c_0/\eta) \tag{3.117}$$

式中，参数 α、k_{m} 是模型常数；M_{c} 表示临界应力比；c_0 是很小的常数，如 0.0001；$\exp(c_0/\eta)$ 在应力比接近 0 时为无穷大，可以用来模拟接触面的压缩试验；$\mathrm{d}\varepsilon_n^{\mathrm{p}}$、$\mathrm{d}\gamma^{\mathrm{p}}$ 分别表示塑性法向和切向应变。

卸载时剪胀方程为

$$d_{\mathrm{g}} = -\alpha(M_{\mathrm{c}} + k_{\mathrm{m}}\psi + \eta)\exp(c_0/\eta) \tag{3.118}$$

与砂土广义塑性模型一致，塑性流动方向 $\boldsymbol{n}_{\mathrm{g}}$ 可以表示为

$$\boldsymbol{n}_{\mathrm{g}} = \left(\frac{d_{\mathrm{g}}}{\sqrt{1+d_{\mathrm{g}}^2}}, \frac{1}{\sqrt{1+d_{\mathrm{g}}^2}} \right)^{\mathrm{T}} \tag{3.119}$$

6）加载方向

采用非关联流动法则，加载方向 $\boldsymbol{n}$ 为

$$\boldsymbol{n} = \left(\frac{d_{\mathrm{f}}}{\sqrt{1+d_{\mathrm{f}}^2}}, \frac{1}{\sqrt{1+d_{\mathrm{f}}^2}} \right)^{\mathrm{T}} \tag{3.120}$$

$$d_{\mathrm{f}} = \alpha(M_{\mathrm{f}} + k_{\mathrm{m}}\psi - \eta)\exp(c_0/\eta) \tag{3.121}$$

式中，M_{f} 为模型常数。当 $M_{\mathrm{f}} = M_{\mathrm{c}}$，模型可以退化为相关联模型。

7）塑性模量

塑性模量表示为

$$H = H_0 \frac{1}{1+\psi} \left(\frac{\sigma_n}{p_{\mathrm{a}}}\right) \left(1 - \frac{\eta + \eta_0}{\eta_{\mathrm{p}} + \eta_0}\right)(1 + \eta + \eta_0)^{-2} f_{\mathrm{h}} \tag{3.122}$$

式中，$\eta_{\mathrm{p}} = M_{\mathrm{c}} - k\psi$，其中 $k = k^{\mathrm{i}} - c_2(W_{\mathrm{p}} - W_{\mathrm{thr}})$，单调荷载下 $k = k^{\mathrm{i}}$，循环荷载下当 $W_{\mathrm{p}} - W_{\mathrm{thr}} < 0$ 时，$k = k^{\mathrm{i}}$；f_{h} 用来反映塑性模量在加载与卸载和再加载阶段的差异，单调荷载下 $f_{\mathrm{h}} = 1$；单调加载时 $\eta_0 = 0$，卸载时 η_0 等于反弯点的应力比，同时当出现图 3.8 情况时 η_0 按图中设定取值。

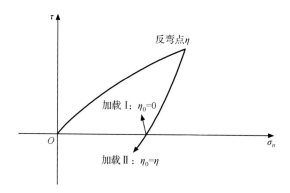

图 3.8　两种加载状态

2. 三维广义塑性接触面模型

作者课题组在 Liu 和 Ling(2008)模型基础上进行了修改,采用边界面对塑性流动方向、加载方向及塑性模量进行了修改,使其能模拟三维条件下的接触面的单调和循环变形特性。同时,修改模型统一考虑了单调和循环荷载下颗粒破碎的影响。

1) 边界面的定义

如图 3.9 所示,在归一剪切面 τ_x/σ_n-τ_y/σ_n 上定义了两个边界面,峰值应力边界面和最大应力历史边界面,在 $\tau\sigma_n$ 空间也定义了最大应力历史边界面:

$$f = \tau - M\sigma_n\left(\frac{\alpha}{\alpha-1}\right)\left[1-\left(\frac{\sigma_n}{\sigma_c}\right)^{\alpha-1}\right]= 0 \tag{3.123}$$

式中,τ 为剪应力,等于 $\sqrt{\tau_x^2 + \tau_y^2}$;$\alpha$、$M$ 为试验参数;σ_n 为法向应力;σ_c 为模型参数,与屈极面 f 的大小相关。该表达式与 Pastor 等(1990)中的屈服面的表达式是一致的。两个空间的最大应力历史边界面组成了三维空间中的最大应力历史边界面。

与砂土和堆石料模型(Wang et al. ,1990;Li,2002;Li and Dafalias,2004;Liu and Zou,2013)类似,根据当前应力状态和反弯点的状态,确定峰值边界面和最大历史应力边界面的状态。图 3.9 中 $AB=\rho$,$AC=\rho_{max}$,$AD=\rho_p$。采用相对应力比反映接触面在单调和循环荷载下的变形特性。

当前应力状态在历史最大应力边界面上($\rho=\rho_{max}$)表示单调加载,当前应力状态在历史最大应力边界面内($\rho<\rho_{max}$)表示循环加载。在单调加载条件下,相对应力比与绝对应力比是一致的。

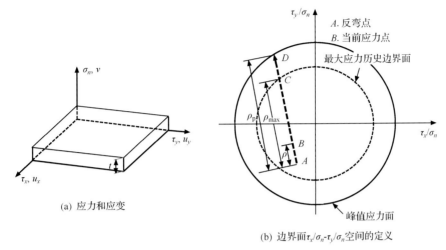

(a) 应力和应变

(b) 边界面τ_x/σ_n-τ_y/σ_n空间的定义

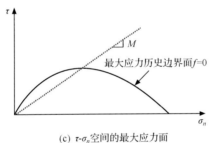

(c) τ-σ_n空间的最大应力面

图 3.9　一些变量的定义

2) 临界状态与颗粒破碎

考虑颗粒破碎的临界状态线表示为

$$e_c = e_{c0} - \Delta e_c - \lambda \log\left(\frac{\sigma_n}{p_a}\right) \tag{3.124}$$

$$\Delta e_c = c_3 (B_r)_{virgin} + c_4 (B_r)_{cyclic} \tag{3.125}$$

当 c_3 和 c_4 相等时,临界状态线的表达式与堆石料的表达式(Liu et al.,2013)是一致的。c_3 和 c_4 用来反映单调和循环荷载下颗粒破碎对临界孔隙比的不同影响。$(B_r)_{virgin}$ 表示发生在单调荷载下的颗粒破碎量($\rho = \rho_{max}$);$(B_r)_{cyclic}$ 表示发生在循环荷载下的颗粒破碎量($\rho < \rho_{max}$)。

砂土、堆石料和接触面的试验结果表明(Lade et al.,1996;Zeghal and Edil,2002;孔宪京等,2014),颗粒破碎量 B_r 与塑性功 W_p 存在着良好的双曲线关系

$$B_r = \frac{W_p}{c_1 + c_2 W_p} \qquad (3.126)$$

$$dB_r = \frac{-c_1}{(c_1 + c_2 W_p)^2} dW_p \qquad (3.127)$$

因此

$$\Delta e_c = \int_{\rho_{max}=\rho} \frac{-1}{(a+bW_p)^2} dW_p + \int_{\rho_{max}>\rho} \frac{-c}{(a+bW_p)^2} dW_p \qquad (3.128)$$

式中，$a = c_1 / \sqrt{c_1 c_3}$；$b = c_2 / \sqrt{c_1 c_3}$；$c = c_4/c_3$。试验研究表明（Evigin and Fakharian，1996；Shahrour and Rezaie，1997；Zhang and Zhang，2008），循环荷载下的塑性功导致的法向位移要大于单调荷载的法向位移，即参数 c 大于 1。接触面的变形状态与颗粒破碎的关系可以通过状态参数 $\psi = e - e_c$（Been and Jefferies，1985）体现。

3）应力增量与位移增量的关系

接触面弹塑性矩阵 $\boldsymbol{D}^{ep}$ 表达式与式（3.75）是一致的。三维应力条件下，应力增量与位移增量的关系表示为

$$\begin{Bmatrix} d\tau_x \\ d\tau_y \\ d\sigma_n \end{Bmatrix} = \frac{1}{t} \boldsymbol{D}^{ep} \begin{Bmatrix} du_x \\ du_y \\ dv \end{Bmatrix} \qquad (3.129)$$

弹性模量与二维应力状态下的表达式相同。

4）加卸载判断

加卸载判断方法与 3.1.4 节砂土的广义塑性模型是一致的，但与传统广义塑性模型不同。当出现反弯点时，确定加载方向 $\boldsymbol{n}$ 的应力状态要由最大应力边界面上映射点的应力状态 $\bar{\boldsymbol{\sigma}}$（图 3.9(b) 中 C 点应力状态）代替绝对应力状态 $\boldsymbol{\sigma}$。

5）塑性流动方向

与传统的广义塑性模型不同，修改模型采用了边界面的概念，初始加载、卸载及再加载部分采用一个剪胀表达式

$$d_g = r_d \alpha [(M_c + k_m \psi) \sqrt{\rho_{max}/\rho} - \eta] \exp(c_0/\eta) \qquad (3.130)$$

式中，k_m 为非负的试验参数。该表达式与 Li（2002）提出的砂土的剪胀方程的表达式相似。单调条件下，该表达式与 Liu 和 Ling（2008）的模型是一致的。式中，r_d 是用来反映卸载及再加载过程中法向位移的硬化现象（Pradhan et al.，1989）。在单调荷载下，$r_d=1$，在循环荷载下，$r_d<1$。ρ_{max}/ρ 在发生卸载时接近无穷大，因此可以反映接触面卸载体缩的现象。

不修正颗粒破碎的临界状态线得到的状态参数 ψ 大于修正后得到的状态参数,这意味着采用不修正颗粒破碎得到的相位变换应力比 $M_c + k_m\psi$ 要偏大,会低估低围压条件下的剪胀。

三维应力状态,接触面塑性流动方向 $\boldsymbol{n}_g$ 为

$$\boldsymbol{n}_g = \begin{pmatrix} n_{gx} & n_{gy} & n_{gn} \end{pmatrix}^T \tag{3.131}$$

式中, $n_{gx} = \dfrac{\tau_x}{\tau} \dfrac{1}{\sqrt{d_g^2 + 1}}$; $n_{gy} = \dfrac{\tau_y}{\tau} \dfrac{1}{\sqrt{d_g^2 + 1}}$; $n_{gn} = \dfrac{d_g}{\sqrt{d_g^2 + 1}}$ 。

6) 加载方向

加载方向 $\boldsymbol{n}$ 采用与塑性流动方向相似的表达式:

$$\boldsymbol{n} = \begin{pmatrix} n_x & n_y & n_n \end{pmatrix}^T \tag{3.132}$$

$$d_f = r_d \alpha \left[(M_f + k_m\psi)\sqrt{\rho_{max}/\rho} - \eta \right] \exp(c_0/\eta) \tag{3.133}$$

式中, $n_x = \dfrac{\tau_x}{\tau} \dfrac{1}{\sqrt{d_f^2 + 1}}$; $n_y = \dfrac{\tau_y}{\tau} \dfrac{1}{\sqrt{d_f^2 + 1}}$; $n_n = \dfrac{d_f}{\sqrt{d_f^2 + 1}}$ 。

对单调荷载条件下的式(3.133)进行积分,可以得到屈服面的表达式(3.123),其中, $M = M_f + k_m\psi$ 。

7) 塑性模量

广义塑性模型中,加载和卸载采用不同的塑性模量表达式。与之不同,修改模型借助边界面采用一个塑性模量表达式来反映加载、卸载及再加载过程中的塑性模量的变化。

$$H = H_0 \frac{1}{1+\psi} \left(\frac{\sigma_n}{p_a}\right)\left(1 - \frac{\rho}{\rho_p}\right)(1+\rho)^{-2} f_h \tag{3.134}$$

该式在单调荷载条件下与 Liu 和 Ling(2008)的表达式是一致的。但采用相对距离的应力比代替了绝对应力比,使剪应力方向发生变化时的应力-应变关系仍然光滑。同时,该表达式避免了区别两种不同加载状态的问题(图3.8)。 ρ_p 是当前应力点到峰值应力边界面映射点的距离。峰值应力边界面 $\eta_p = M_c - k\psi(k > 0)$,采用不修正颗粒破碎临界状态线得到的峰值应力比 η_p 要偏小,会低估低围压时的峰值强度。

8) 模型参数的确定

模型共有 15 个参数,包括弹性参数 D_{n0} 、 D_{s0} ;临界状态参数 e_{r0} 、 λ 、 M_c ;颗粒破碎参数 a 、 b 、 c ;塑性流动方向 α 、 r_d 、 k_m ;加载方向参数 M_f ;塑性模量参数 H_0 、 k 、 f_h 。如果忽略颗粒破碎的影响,模型只需 12 个参数。模型的确定需要一个压缩试验、三个不同法向应力下的单调试验及一个应变幅值较大的循环荷载试验。

(1) 弹性参数 D_{n0}、D_{s0}。D_{n0}、D_{s0} 可以根据剪切和压缩试验的初始阶段或卸载阶段的应力-应变关系进行确定。

(2) 临界状态参数 e_{r0}、λ、M_c 和颗粒破碎参数 a、b、c。临界应力比 M_c 即为剪切过程中法向位移不再变化时对应的应力比。根据颗粒破碎率 B_r 和 W_p 的关系,确定参数 c_1、c_2。根据单调荷载时不同法向应力条件下临界状态的法向位移和颗粒破碎率 B_r,由式(3.124)和式(3.125)确定参数的 e_{r0}、λ、c_3。根据循环荷载试验下颗粒破碎率 B_r 和法向位移确定参数 c_4。

(3) 塑性流动方向 α、k_m、r_d。根据单调荷载相比变换时的应力比 M_d、临界应力 M_c 和状态参数 ψ 可以得到参数 $k_m = (M_d - M_c)/\psi$。由单调加载试验任意一点的非零 d_g 可以确定参数 $\alpha = d_g/(M_c + k_m\psi - \eta)\exp(c_0/\eta)$。根据卸载或再加载过程中非零 d_g 确定参数

$$r_d = d_g/\{\alpha[(M_c + k_m\psi)\sqrt{\rho_{max}/\rho} - \eta]\exp(c_0/\eta)\} \quad (3.135)$$

(4) 加载方向参数 M_f。理论上,参数 M_f 要根据试验测定接触面的屈服函数进行标定,也可以采用优化算法对其进行标定。

(5) 塑性模量参数 H_0、k、f_h。根据不同法向应力条件下的单调加载试验得到峰值应力比 η_p、状态参数 ψ 及临界应力比 M_c,确定 $k = -(\eta_p - M_c)/\psi$。H_0 根据单调加载过程的剪应力-剪应变曲线进行确定,也可根据压缩试验进行标定。f_h 根据卸载和再加载的剪应力-剪应变曲线进行确定。

9) 模型验证

为了验证修改模型的适应性,对三组试验进行了模拟,包括:二维 Hostun 砂土与粗糙钢板的直剪试验;三维粗粒土与粗糙钢板的直剪试验;三维砂土与钢板的单剪接触面试验。所有试验均包括常法向应力和常法向刚度条件下单调和循环加载试验。接触面材料特性及模型参数见表 3.2 和表 3.3。

(1) Hostun 砂土和粗糙钢板的直剪试验(Shahrour and Rezaie,1997)。

如图 3.10 所示,Hostun 砂土与粗糙钢板的直剪试验结果与模型模拟的结果吻合较好,表明:①模型可以用一套参数反映接触面在不同初始法向应力、不同初始孔隙比、不同边界条件下单调和循环变形特性;②$D_r = 90\%$ 的单调试验中剪胀后发生剪缩的现象,这种现象与颗粒破碎有关,也可以由修改模型模拟,在已有的模型中是不能反映的;③$D_r = 90\%$ 的密实度较大,但在循环荷载下表现出较大的法向位移,这种现象与颗粒破碎有关,也可以由修改模型模拟。参数 $c = 3.625 > 1$,表明循环荷载下颗粒破碎对法向位移的影响更大。

表 3.2 接触面材料特性

接触面	最大粒径 d_{max}/mm	平均粒径 d_{50}/mm	最大孔隙比 e_{max}	最小孔隙比 e_{min}	相对密度 D_r 或孔隙比 e_0	试验类型
Hostun 砂土和钢板 (Shahrour and Rezaie, 1997)	2	0.47	0.983	0.622	$D_r=15\%\sim95\%$	直剪试验
粗粒土和钢板 (侯文俊, 2008)	12	7.5	—	—	$e_0=0.467$	直剪试验
砂土和钢板 (Fakharian, 1996)	1.2	0.6	1.024	0.651	$D_r=45\%\sim88\%$	单剪试验

表 3.3 模型参数

接触面	弹性模量		临界状态			颗粒破碎			塑性流动方向		加载方向		塑性模量		
	D_{s0} /kPa	D_{n0} /kPa	M_c	e_{r0}	λ	a /kPa$^{0.5}$	b	c	a	r_d	k_m	M_f	k	H_0 /kPa	f_h
Hostun 砂土和钢板 (Shahrour and Rezaie, 1997)	1600	400	0.65	0.787	0.055	65.2	0.038	3.625	0.5	0.6	2	0.5	3.5	1200	2.5
粗粒土和钢板 (侯文俊, 2008)	1500	1800	0.675	0.607	0.061	182.3	0.013	3.125	0.5	0.5	2.7	0.5	0.75	4500	2
砂土和钢板 (Fakharian, 1996)	1000	1500	0.62	0.985	0.07	114.0	0.175	12.4	1.5	0.85	0.3	0.395	0.75	3000	1.8

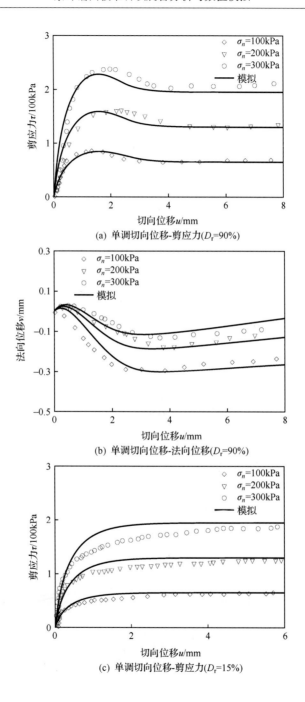

(a) 单调切向位移-剪应力(D_r=90%)

(b) 单调切向位移-法向位移(D_r=90%)

(c) 单调切向位移-剪应力(D_r=15%)

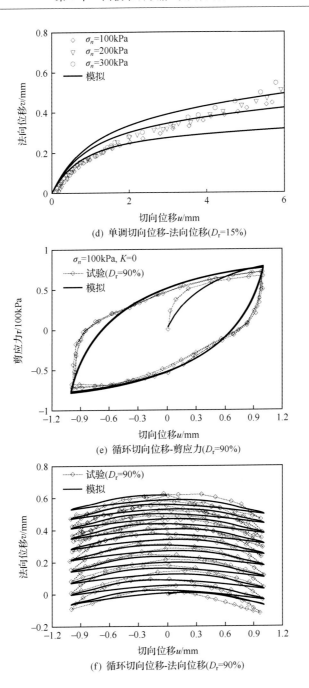

(d) 单调切向位移-法向位移(D_r=15%)

(e) 循环切向位移-剪应力(D_r=90%)

(f) 循环切向位移-法向位移(D_r=90%)

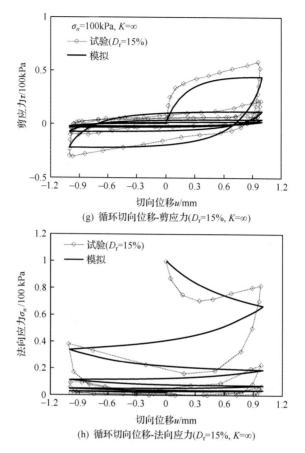

(g) 循环切向位移-剪应力($D_r=15\%$, $K=\infty$)

(h) 循环切向位移-法向应力($D_r=15\%$, $K=\infty$)

图 3.10　Hostun 砂土与粗糙钢板的直剪试验与模拟

（2）粗粒土与粗糙钢板的直剪试验（侯文俊，2008）。

图 3.11 给出了粗粒土与钢板接触面在二维条件下的试验和模拟结果。模型可以很好地反映粗粒土在单调和循环荷载下的变形特性。图 3.12 给出了三维单调荷载下接触面试验与模拟模拟的结果，两者吻合得较好。模型可以反映非零 $\theta=\arctan(\mathrm{d}\tau_x/\mathrm{d}\tau_y)$ 加载条件下，x 和 y 两个方向的剪应力-切向位移的变化规律，并且不同 θ 加载路径的剪应力和切向位移关系是一致的（见图 3.12(g)）。如图 3.13 和图 3.14 分别给出了常法向应力和常法向刚度条件下循环"+"路径下（路径为 o-a-b-o-d-c-o，见图 3.13(a)）的接触面试验和模型模拟的结果。模型可以较好地反映三维循环应力路径下接触面的变形特性。

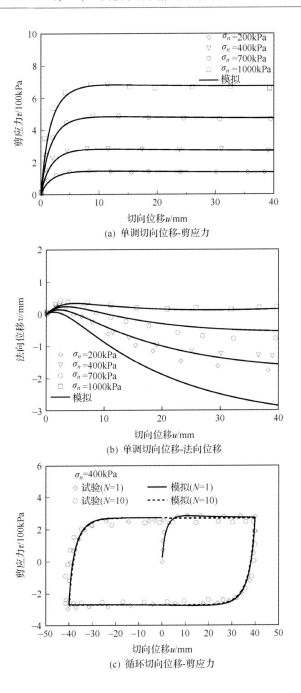

(a) 单调切向位移-剪应力

(b) 单调切向位移-法向位移

(c) 循环切向位移-剪应力

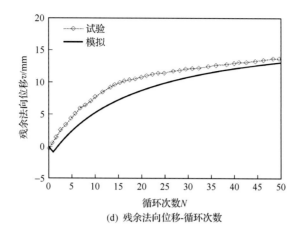

(d) 残余法向位移-循环次数

图 3.11　二维粗粒土与钢板直剪试验与模拟

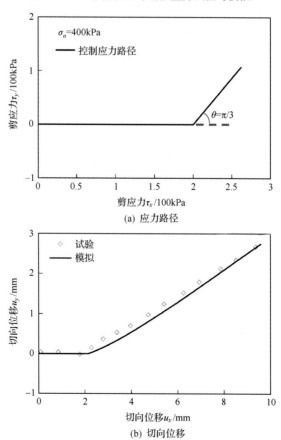

(a) 应力路径

(b) 切向位移

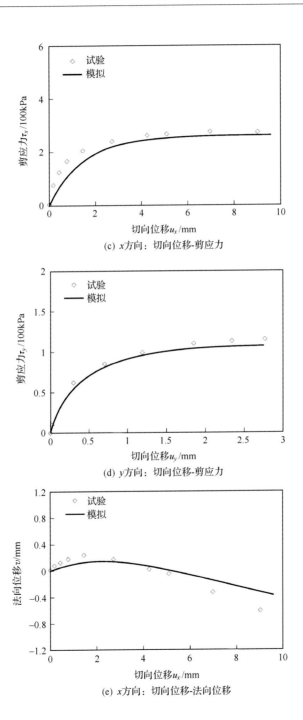

(c) x方向：切向位移-剪应力

(d) y方向：切向位移-剪应力

(e) x方向：切向位移-法向位移

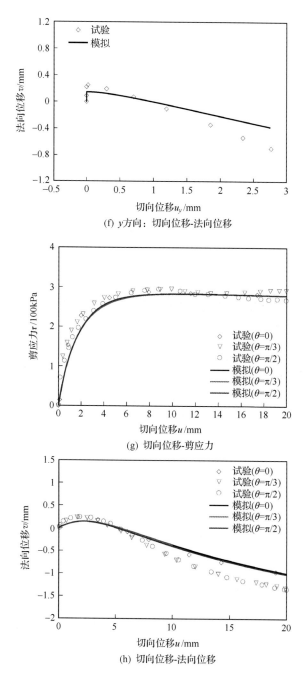

(f) y 方向：切向位移-法向位移

(g) 切向位移-剪应力

(h) 切向位移-法向位移

图 3.12 三维单调荷载下粗粒土与钢板直剪试验与模拟

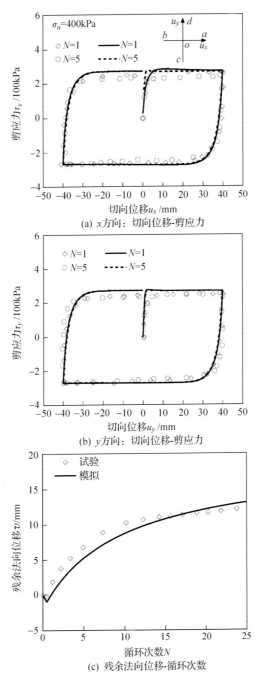

(a) x 方向：切向位移-剪应力

(b) y 方向：切向位移-剪应力

(c) 残余法向位移-循环次数

图 3.13　三维常法向应力条件下循环"+"路径下粗粒土与钢板直剪试验与模拟

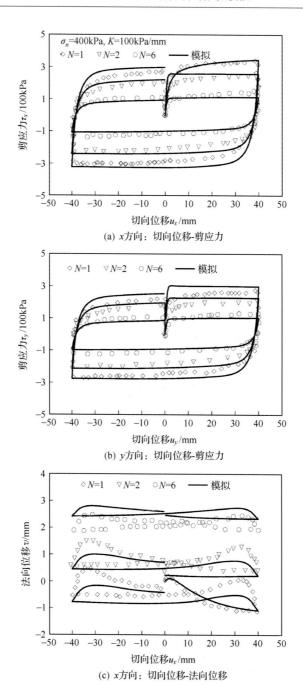

(a) x方向：切向位移-剪应力

(b) y方向：切向位移-剪应力

(c) x方向：切向位移-法向位移

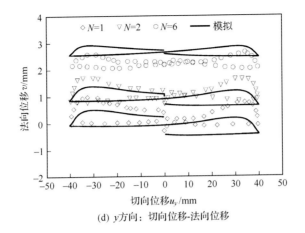

(d) y 方向：切向位移-法向位移

图 3.14　三维常刚度条件下循环"+"路径下粗粒土与钢板直剪试验与模拟

（3）砂土与钢板单剪试验（Evigin and Fakharian，1996；Fakharian，1996；Fakharian and Evigin，1997）。

图 3.15～图 3.18 给出了二维应力状态下接触面在常法向应力和常法向刚度条件下的单调和循环单剪试验结果及模型模拟的比较，两者吻合得较好，进一步证明了该模型的合理性。图 3.19 和图 3.20 为不同初始剪应力条件下的单调试验结果和模型模拟的结果，两者吻合得较好，表明模型可以有效地描述接触面的主要三维力学特性。图 3.21 还给出了三维循环荷载条件下的试验和模型模拟结果，两者在 x 方向的切向位移-剪应力、切向位移-法向位移的关系上吻合较好。y 方向切向位移在循环加卸载过程中是一直增加的（见

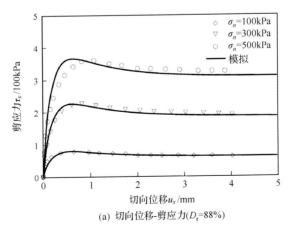

(a) 切向位移-剪应力（D_r=88%）

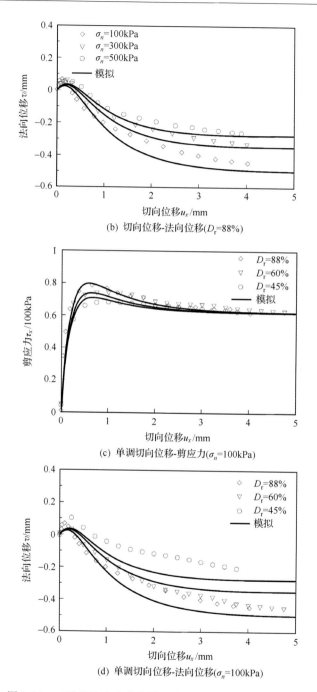

(b) 切向位移-法向位移(D_r=88%)

(c) 单调切向位移-剪应力(σ_n=100kPa)

(d) 单调切向位移-法向位移(σ_n=100kPa)

图 3.15　二维常法向应力条件下单调接触面单剪试验与模拟

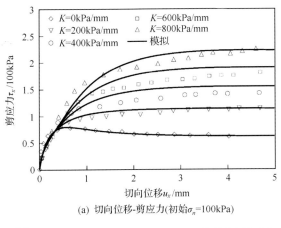

(a) 切向位移-剪应力(初始σ_n=100kPa)

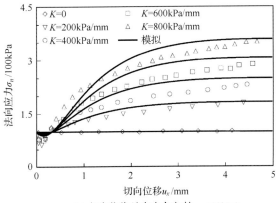

(b) 切向位移-法向应力(初始σ_n=100kPa)

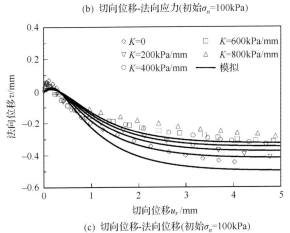

(c) 切向位移-法向位移(初始σ_n=100kPa)

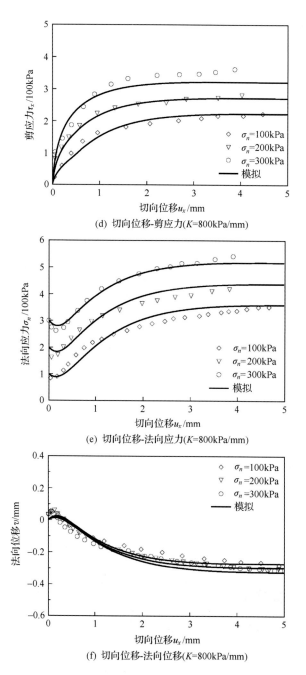

(d) 切向位移-剪应力(K=800kPa/mm)

(e) 切向位移-法向应力(K=800kPa/mm)

(f) 切向位移-法向位移(K=800kPa/mm)

图 3.16　二维常法向刚度条件下单调接触面单剪试验与模拟

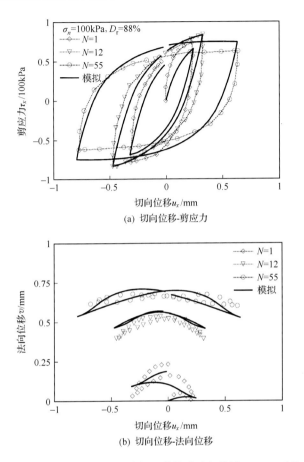

(a) 切向位移-剪应力

(b) 切向位移-法向位移

图 3.17　二维常法向应力条件下循环接触面单剪试验与模拟($\sigma_n = 100\text{kPa}, D_r = 88\%$)

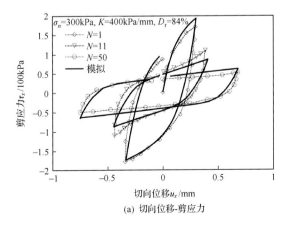

(a) 切向位移-剪应力

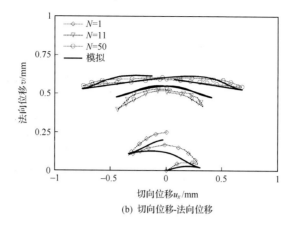

(b) 切向位移-法向位移

图 3.18　二维常法向刚度条件下循环接触面单剪试验与模拟

（$\sigma_n = 300\text{kPa}, K = 400\text{kPa/mm}, D_r = 84\%$）

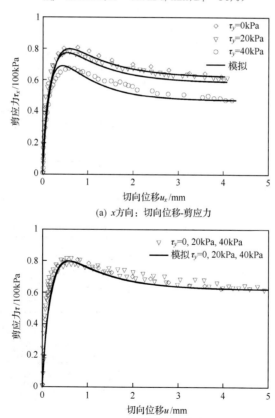

(a) x 方向：切向位移-剪应力

(b) 切向位移-法向位移

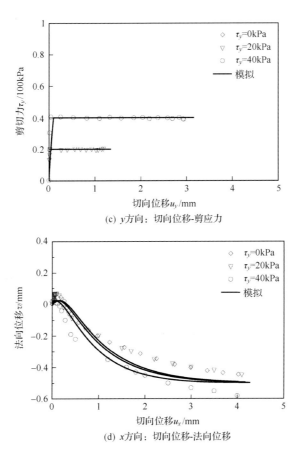

(c) y方向：切向位移-剪应力

(d) x方向：切向位移-法向位移

图 3.19　三维常法向应力条件下单调接触面单剪试验与模拟($\sigma_n = 100\text{kPa}$, $D_r = 88\%$)

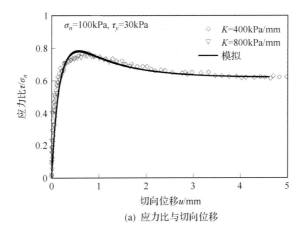

(a) 应力比与切向位移

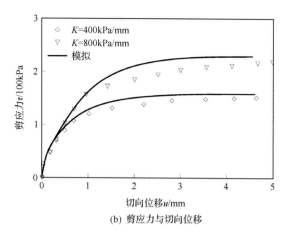

(b) 剪应力与切向位移

图 3.20　三维常法向刚度条件下单调接触面单剪试验与模拟

（$\sigma_n=100\text{kPa},\tau_y=30\text{kPa};D_r=88\%$）

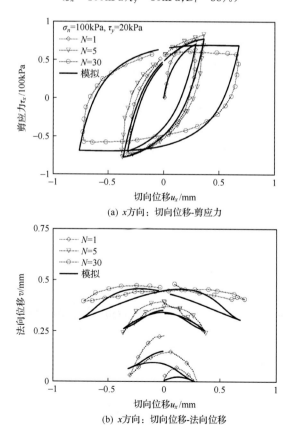

(a) x 方向：切向位移-剪应力

(b) x 方向：切向位移-法向位移

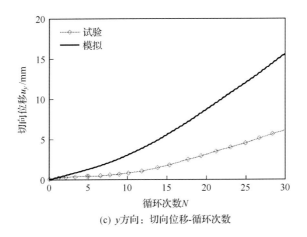

(c) y方向：切向位移-循环次数

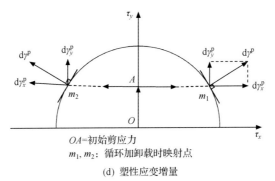

$OA=$初始剪应力

m_1,m_2：循环加卸载时映射点

(d) 塑性应变增量

图 3.21　三维常法向刚度条件下循环接触面单剪试验与模拟

($\sigma_n=100\text{kPa},\tau_y=20\text{kPa};D_r=88\%$)

图 3.21(c)、(d)),模型模拟结果高估了 y 方向的残余切向位移,这可能与应力导致的各向异性有关,将塑性势面沿 y 方向运动硬化可以模拟这种现象。需要指出,目前还缺少相关的试验研究。

3.3　面板堆石坝静、动力分析方法

3.3.1　面板堆石坝非线性分析方法

由于筑坝材料应力$\{\sigma\}$与应变$\{\varepsilon\}$呈非线性关系,结构的平衡方程组是应变的一个非线性方程组,也是节点位移的一个非线性方程组,因此要计算面板堆石坝的变形和应力状态必须对非线性方程组进行求解。

1. 中点增量法

目前,静力非线性分析主要采用的是中点增量法。中点增量法(陈慧远,1988)是将结构的全荷载划分为若干级增量,逐级采用有限元方法进行计算。对于每一级增量,计算时均假定材料的性质不变,通过线性有限元计算求解得到单元的位移、应变和应力的增量。主要采用分段线性的方法来逼近曲线,可以考虑荷载的逐级施加,模拟施工过程的加载。3.1.1 节中介绍的筑坝堆石料的静力本构模型可用此法进行面板坝的填筑和蓄水过程中的变形和应力分析。中点增量法初始试算有两种:一是一次迭代将荷载增量全部施加于结构,求出该级终了的应力状态,将其与初始应力进行平均;另一种是直接以一半的荷载增量施加于结构,得到的应力状态作为平均应力状态。

以第一种方法的第 l 增量步为例,其计算步骤一般如下:

(1) 采用前级加载结束时的应力即本级加载时的初始应力 $\{\sigma\}_{l-1}$,求出第 l 增量步初始迭代弹性或弹塑性矩阵 $[D]_{l0}$,形成初始迭代刚度矩阵 $[K]_{l0}$;

(2) 求解方程组 $[K]_{l0}\{\Delta\delta\}_{l0} = \{\Delta R\}_l$,从而求出位移增量 $\{\Delta\delta\}_{l0}$;

(3) 由位移增量 $\{\Delta\delta\}_{l0}$ 求出各个单元的应变增量 $\{\Delta\varepsilon\}_{l0}$ 和应力增量 $\{\Delta\sigma\}_{l0}$;

(4) 求解单元平均应力 $\{\sigma\}_n = \{\sigma\}_{l-1} + \{\Delta\sigma\}_{l0}/2$;

(5) 通过单元的平均应力 $\{\sigma\}_n$ 求出 $[D]_n$,再形成 $[K]_n$;

(6) 求解方程组 $[K]_n\{\Delta\delta\}_n = \{\Delta R\}_l$,可以得到位移增量 $\{\Delta\delta\}_n$ 和相应的位移总量 $\{\delta\}_l = \{\delta\}_{l-1} + \{\Delta\delta\}_n$;

(7) 由位移增量 $\{\Delta\delta\}_n$ 求各单元应变增量 $\{\Delta\varepsilon\}_n$ 和应力增量 $\{\Delta\sigma\}_n$,则应变总量 $\{\varepsilon\}_l = \{\varepsilon\}_{l-1} + \{\Delta\varepsilon\}_n$,应力总量 $\{\sigma\}_l = \{\sigma\}_{l-1} + \{\Delta\sigma\}_n$;

(8) 对各级荷载重复上述步骤,可得最后解答。

中点增量法并不能使计算结果收敛于真实解,会产生一定的累计误差。

2. 增量迭代法

从理论上来说,增量迭代法的结果会更准确。增量迭代法是每一级荷载增量采用迭代法进行求解,使其收敛于真实解。迭代法可采用切线刚度迭代法、常刚度迭代法以及割线刚度迭代法。增量迭代法可用于静力和动力的分析中。

1) 割线刚度迭代法

割线刚度法也叫直接迭代法。在某级荷载全部作用到结构上,用初始刚度矩阵,求得位移的第一次近似值。然后根据位移求解各单元的应变和应力,重新确定弹塑性矩阵,并重新形成刚度阵,再求得位移的第二次近似值,如此循环 n 次直到前后两次位移解相当接近为止。这时的位移、应变、应力就是所求的解。采用该法时注意两个事实:一是每次迭代都要重新计算刚度阵,是一种变刚度法,计算量较大;二是收敛速率较慢,而且不一定能保证收敛。

2）切线和常刚度迭代法

切线刚度迭代法又称为 Newton-Raphson 法。它是一种余量迭代法或平衡迭代法。首先,在某级荷载下,根据上一级荷载的应力-应变状态确定弹塑性矩阵,并组装刚度阵,将所有荷载作用到结构上进行一次有限元计算,求解结构的应变和应变增量。然后计算应力增量,更新应力状态,确定下一步迭代采用的弹塑性矩阵,重新组装刚度阵。根据上一步的应力状态计算单元的等效外力 $\{F\}$,从总的荷载 $\{R\}$ 中扣除等效外力,仅将剩余部分的荷载施加到结构上。如此循环,直到等效外力与总荷载的差别很小,达到一定条件为止。如果迭代时不改变刚度矩阵,则称为常刚度迭代法。

以第 l 增量步,第 i 次迭代（第 $i-1$ 次迭代结束的状态已经得到）,其计算步骤一般如下:

（1）采用 $i-1$ 次迭代加载结束时的应力状态 $\{\sigma\}_{i-1}^{l}$,确定迭代矩阵 $[D]_{i-1}^{l}$；

（2）通过矩阵 $[D]_{i-1}^{l}$ 形成迭代刚度矩阵 $[K]_{i-1}^{l}$；

（3）计算等效外力 $\{F\}_{i-1}^{l} = \int_{V} B^{\mathrm{T}}\{\sigma\}_{i-1}^{l}\mathrm{d}V$,计算剩余荷载 $\{\Delta R\}_{i-1}^{l} = \{R\} - \{F\}_{i-1}^{l}$；

（4）求解方程组 $[K]_{i-1}^{l}\{\Delta\delta\}_{i} = \{\Delta R\}_{i-1}^{l}$,从而求出位移增量 $\{\Delta\delta\}_{i}$；

（5）由位移增量 $\{\Delta\delta\}_{i}$ 计算应变增量 $\{\Delta\varepsilon\}_{i}$,同时求出各个单元的第 i 次迭代位移的近似值 $\{\delta\}_{i}^{l} = \{\delta\}_{i-1}^{l} + \{\Delta\delta\}_{i}$。计算应力增量 $\{\Delta\sigma\}_{i}$,更新应力状态 $\{\sigma\}_{i}^{l}$；

（6）通过单元的 $\{\sigma\}_{i}^{l}$ 得到下一步迭代需要的 $[D]_{i}^{l}$,再形成 $[K]_{i}^{l}$。如果采用常刚度迭代法,不需要更新迭代刚度阵。如此进行步骤（2）～步骤（5）直到满足迭代条件为止。然后再进行下一个增量步的计算。

3. 等价线性分析方法

3.1.2 节中介绍的等效线性模型一般采用等价线性分析方法进行面板堆石坝的动力反应分析。

1) 运动方程的建立

根据动力荷载的性质，一般认为地震荷载的边界加速度 $\{\ddot{u}_0\}$ 已知，可建立运动方程如下：

$$[M]\{\ddot{u}\}_t + [C]\{\dot{u}\}_t + [K]\{u\}_t = -[M]\{\ddot{u}_g\}_t \qquad (3.136)$$

式中，$\{\ddot{u}\}_t$、$\{\dot{u}\}_t$、$\{u\}_t$ 分别为 t 时刻各个结点的相对加速度、速度和位移；$[M]$、$[C]$、$[K]$ 分别为结构整体的质量矩阵、阻尼矩阵和刚度矩阵；$\{\ddot{u}_g\}_t$ 为 t 时刻基底输入加速度。

2) 阻尼矩阵的确定

阻尼矩阵 $[C]^e$ 通常采用瑞利阻尼理论(Idriss et al., 1973)。该理论一般假设阻尼由两部分组成：①与单元的应变速率成正比关系；②与结点的变位速率成正比关系。

设 $\{\sigma_e\}$ 是与单元的应变速率 $\{\dot{\varepsilon}\}$ 成正比关系的阻尼应力，$\{F_1\}$ 为结点力，$\{F_2\}$ 为第二部分的与结点的变位速率成正比关系的阻尼结点力，则分别如下式所示：

$$\{\sigma_e\} = \beta[D][\dot{\varepsilon}] = \beta[D][B]\{\dot{u}\} \qquad (3.137)$$

$$\{F_1\} = \int_Q [B]^T \{\sigma_e\} \mathrm{d}Q = \beta[K]\{\dot{u}\} \qquad (3.138)$$

$$\{F_2\} = \alpha[M]\{\dot{u}\} \qquad (3.139)$$

则阻尼矩阵可表示为

$$[C]^e = \alpha[M]^e + \beta[K]^e \qquad (3.140)$$

式中，α 和 β 为阻尼系数。

因此，瑞利阻尼将会导致阻尼 λ 与频率 ω 的相关，即

$$\lambda = \frac{1}{2}\left(\frac{\alpha}{\omega} + \beta\omega\right) \qquad (3.141)$$

而堆石体的阻尼本身是与频率无关的，因而阻尼系数的取值必须使计算的阻尼在有效频率范围内，与实测的阻尼比较接近。国内目前的大多数有限元计算方法里，有限元模型中的阻尼在结构基频 ω_1 处最小，致使在所有结构的模态中，一阶模态的参与最大。按照这个准则，在每一个单元中，α 和 β 可以表示为

$$\alpha = \lambda\omega_1 \qquad (3.142)$$

$$\beta = \lambda/\omega_1 \qquad (3.143)$$

其阻尼比和频率的关系曲线如图 3.22 所示。这种方法将会导致高频部分阻尼过大。当土石坝高度较低，地震反应主要以一阶模态为主时，这种方法是可

以接受的；但如果坝较高，尤其超过 100m 时，大坝的高阶模态参与不能忽略，这种方法将会低估结构的反应。

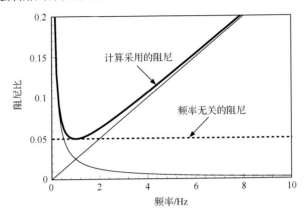

图 3.22　阻尼比与频率关系（瑞利阻尼）

日本学者 Yoshida 等(2002)提出了阻尼比最小值可以表示为

$$h_{\min} = \sqrt{\alpha\beta} \tag{3.144}$$

对于土工建筑物来说，一般结构敏感的频率$\left(f = \dfrac{w}{2\pi}\right) f_a$ 和 f_b 的范围为 0.5～5Hz。因此，在选定的频率范围，f_a 和 f_b 的阻尼比可表示为

$$h_{\max} = \frac{\alpha}{2\omega_a} + \frac{\beta w_a}{2}$$
$$h_{\max} = \frac{\alpha}{2\omega_b} + \frac{\beta w_b}{2} \tag{3.145}$$

可以定义 $h_0 = (h_{\max} + h_{\min})/2$。

根据式(3.145)可以求出阻尼系数 α 和 β，而当计算得到的阻尼比 h 小于 h_0 时，令 $h = h_0$。此方法计算得到的阻尼比和频率的关系曲线如图 3.23 所示。

Idriss 等(1973)针对仅采用基频确定阻尼系数的缺点进行了改进，确定了新的瑞利阻尼系数取值方法。新方法采用了两个频率 ω_1 和 ω_2 来确定 α 和 β。其中，ω_1 采用了结构的基频，$\omega_2 = n\omega_1$，n 为大于 ω_e/ω_1 的奇数，其中 ω_e 为地震波的主频。这样，α 和 β 可以表示为

$$\alpha = 2\lambda \frac{\omega_1\omega_2}{\omega_1 + \omega_2} \tag{3.146}$$

$$\beta = 2\lambda \frac{1}{\omega_1 + \omega_2} \tag{3.147}$$

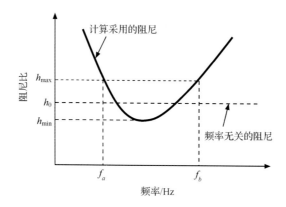

图 3.23 阻尼比与频率关系(采用 Yoshida 等(2002)方法)

根据上述几种方法的优缺点,邹德高等(2011b)采用 Idriss 等提出的方法确定频率 ω_1 和 ω_2,采用 Yoshida 提出的方法来确定阻尼系数 α 和 β。此时,改进后的方法既可考虑结构的频率特性以及地震动本身的频谱特性,同时也不会过多低估结构在 ω_1 和 ω_2 范围内的阻尼,这样计算得到的阻尼矩阵将更为合理。

3)等价线性方法的分析步骤

(1)根据静力有限元方法计算出土体中各单元的震前平均有效应力。

(2)由 3.1.2 节计算土体单元的初始动剪切模量 G_{max},土体单元的初始阻尼比经验地取为 5%。

(3)根据弹性参数 G_n 和阻尼比 λ_n 及其物理参数组装刚度矩阵、阻尼矩阵和质量矩阵。

(4)采用逐步积分法求解运动方程。将整个地震历程划分为若干个大时段,再将每个大时段分为 $\Delta t = 0.02s$ 的细时间步长。假定在该时段内等效剪切模量和阻尼比保持不变,按时间步长 Δt 进行本时段的地震反应计算,得到各个单元在该时段的动剪应变的时程,并确定最大动剪应变 γ_{max},计算得到等效动剪应变为 $\gamma_{eq} = 0.65\gamma_{max}$。根据等效剪切模量和阻尼比与等效动剪应变的关系(见 3.1.2 节),计算得到新的等效剪切模量 G_{n+1} 和阻尼比 λ_{n+1}。如果各个单元 G_{n+1} 和 λ_{n+1} 与 G_n 和 λ_n 不满足迭代条件,则采用新的等效剪切模量 G_{n+1} 和阻尼比 λ_{n+1} 重新计算,如此往复计算直到满足迭代条件,该时段动力计算结束。迭代条件一般要同时满足两个条件:① G_{n+1} 和 G_n 的相对误差小于 10%;② λ_{n+1} 和 λ_n 的相对误差小于 10%。

(5)将上一时段末的 G 和 λ 作为下一个时段初始迭代的等效剪切模量和

阻尼比,对下一个时段进行步骤(3)、步骤(4),直到地震结束。

3.3.2　面板堆石坝残余变形分析方法

1. 滑动体位移分析法

滑块法由 Newmark(1965)首先提出,考虑了地震地面运动特性和坝体动力性质,他指出土石坝坝体稳定性的估计应取决于地震所产生的变形大小,而不是取决于它的最小安全系数。这个分析方法的两个重要步骤是:①确定滑体的屈服加速度;②计算滑体的相对位移。它仍按普通的滑动圆弧法计算坝坡稳定(图 3.24),将滑块看作刚体,滑动面的应力-应变关系符合理想塑性。其基本方法是将超过可能滑动体屈服加速度的加速度反应作两次积分即可估算坝坡的有限滑动位移,如图 3.25 所示。Newmark 法是一种近似的方法,由于其计算简便,对地震变形量的估计比较有效,所以在国内外工程上获得了比较广泛的应用。

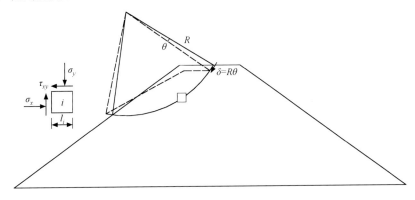

图 3.24　有限滑动位移计算原理

Newmark 滑块法的计算步骤(殷宗泽等,2007)可归纳如下:

(1)确定屈服加速度。屈服加速度 a_y 的定义是使坝身沿着某一可能滑动面滑动的安全系数恰好等于 1 时的加速度,它与重力加速度的比值称为屈服地震系数 k_y。k_y 值与坝身几何尺寸、土料不排水强度、可能滑动体的位置等因素有关。

(2)确定平均地震加速度。平均地震系数 $k_{av}(t)$(也称等价地震系数)定义为作用于滑动面上的剪切力的水平分量与可能滑动面上的重力 W 之比。即

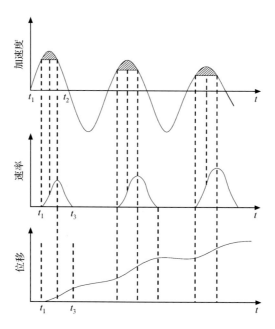

图 3.25　Newmark 法计算坝坡滑动位移

$$k_{av}(t) = \frac{F(t)}{W} \tag{3.148}$$

（3）确定有限滑动位移。Newmark 认为,当平均加速度在可能滑动体中产生的惯性力的方向与滑动面上静剪切力的水平投影方向相同时,如果 $k_{av}(t) \leqslant k_y$,滑动体不产生滑动;如果 $k_{av}(t) > k_y$,滑动体产生滑动,滑动的方向与静剪切力方向相同。滑动加速度的水平分量 $a_x(t)$ 可表示为

$$a_x(t) = [k_{av}(t) - k_y]g \tag{3.149}$$

每次滑动的水平位移 δ_i 可表示为

$$\delta_i = \iint [k_{av}(t) - k_y]g d^2 t \tag{3.150}$$

在整个地震期间,总的滑动水平位移 δ 为每次滑动水平位移之和,即

$$\delta = \sum_{i=1}^{n} \delta_i \tag{3.151}$$

自 Newmark 提出这一算法的基本思路后,一些研究者就这一方法的具体内容提出了各种算法,Makdisi 和 Seed(1978)在上述 Newmark 刚塑性滑块模型的基础上进行了改进,将土体加速度响应分析与塑性滑移量作为两个独立的步骤分别进行,该法考虑土体的非线性动力特性,克服了"刚体"假定的缺

陷。栾茂田等(1990)、Ling 等(1997)探讨了竖向地震加速度对土工建筑物抗震稳定性和滑移变形的影响,建议在大坝抗震稳定验算时考虑竖向加速度分量的影响。

2. 应变势法

整体分析方法主要有初步近似估算法、软化模量法和等效结点力法。初步近似估算法主要采用坝体典型断面的轴线中各单元应变势的平均值乘以坝高,来近似估算坝顶的地震永久位移。其中,应变势是通过相应的静力和地震动力反应有限元法分析确定的。软化模量法认为,土单元永久偏应变是由于在往返应力作用下,土的静剪切模量降低,按地震前后两个不同的模量分别计算坝体的变形,所得到的变形量之差即为地震引起的永久变形。在这个模型中,没有直接考虑地震力的作用。

其中等价结点力法(Serff et al.,1976)是目前普遍使用的计算面板堆石坝的永久变形的方法。基于等效节点力方法的大坝残余变形的模型主要包括谷口模型、水科院模型及沈珠江模型。该法认为,地震引起的坝体各个单元的附加应变势是由等效节点力引起的。通过地震动力反应分析、室内循环三轴试验及选择的残余变形模型确定坝体各个单元的应变势(可能应变)ε_p。由于相邻单元间的相互作用,这种应变势不能满足变形相容条件,并非是各个单元的实际应变。为此将按静力计算的方法将应变势转化为等效静节点力$\{F^*\}$,然后将此等效静节点力作为外荷载按静力方法计算坝体残余变形。

$$\{F^*\} = \iint [B]^{\mathrm{T}}[D]\{\varepsilon_p\}\mathrm{d}x\mathrm{d}y \tag{3.152}$$

式中,$[B]$为应变位移关系转换矩阵;$[D]$为弹性矩阵;$\{\varepsilon_p\}$为转换后的单元应变势。

另外,动三轴试验测出的单元应变势是轴向应变(或剪切应变)和体积应变,在实际土体单元中其相应的方向不清楚,目前一般假定残余应变的主轴方向与应力主轴方向一致。

参 考 文 献

曹光栩,徐明,宋二祥. 2010. 土石混合料压缩特性的试验研究. 华南理工大学学报(自然科学版),38(11):32-39.

陈慧远. 1988. 土石坝有限元分析. 南京:河海大学出版社.

高莲士,汪召华,宋文晶. 2001. 非线性解耦 K-G 模型在高面板堆石坝应力变形分析中的应用. 水利学报,10:1-7.

侯文俊. 2008. 土与接触面三维静动力变形规律与本构模型研究. 北京:清华大学博士学位论文.

孔宪京,韩国城,等. 1994. 粗粒土动应力-应变关系试验研究."八五"国家科技攻关(85-208-22-04-1-08)项目报告. 大连:大连理工大学.

孔宪京,刘京茂,邹德高,等. 2014. 紫坪铺面板坝堆石料颗粒破碎试验研究. 岩土力学,35(1):35-40.

李万红,汪闻韶. 1993. 无粘性土动力剪应变模型. 水利学报,9:11-17.

刘华北. 2006. 水平与竖向地震作用下土工格栅加筋土挡墙动力分析. 岩土工程学报,28(5):594-599.

刘华北,Ling H I. 2004. 土工格栅加筋土挡土墙设计参数的弹塑性有限元研究. 岩土工程学报,26(5):668-673.

刘华北,宋二祥. 2005. 可液化土中地铁结构的地震响应. 岩土力学,26(3):381-386.

刘小生,王钟宁,汪小刚,等. 2005. 面板坝大型振动台模型试验与动力分析. 北京:中国水利水电出版社.

栾茂田,金崇磐,林皋. 1990. 非均布荷载作用下土坡的稳定性. 水利学报,1:65-72.

沈珠江. 1990. 土体应力-应变计算的一种新模型. 第五届土力学及基础工程学术会议论文集. 北京:中国建筑出版社.

沈珠江,徐刚. 1996. 堆石料的动力变形特性. 水利水运科学研究,2:143-150.

殷宗泽. 1988. 一个土体的双屈服面应力-应变模型. 岩土工程学报,10(4):64-71.

殷宗泽,等. 2007. 土工原理. 北京:中国水利水电出版社.

于玉贞,卞锋. 2010. 高土石坝地震动力响应特征弹塑性有限元分析. 世界地震工程,226(S1):341-345.

张嘎,张建民. 2005. 粗粒土与结构接触面统一本构模型及试验验证. 岩土力学,27(10):1175-1179.

张嘎,张建民. 2007. 粗粒土与结构接触面三维本构关系及数值模型. 岩土力学,28(2):288-292.

赵剑明,常亚屏,陈宁. 2004. 龙首二级面板堆石坝三维真非线性地震反应分析和评价. 岩土力学,z2:388-392.

赵剑明,汪闻韶,常亚屏,等. 2003. 高面板坝三维真非线性地震反应分析方法及模型试验验证. 水利学报,9:12-18.

周明,孙树栋. 2001. 遗传算法原理及应用. 北京:国防工业出版社.

邹德高,孟凡伟,孔宪京,等. 2008. 堆石料残余变形特性研究. 岩土工程学报,6:807-812.

邹德高,徐斌,孔宪京,等. 2011a. 基于广义塑性模型的高面板堆石坝静、动力分析. 水力发电学报,30(6):109-115.

邹德高,徐斌,孔宪京. 2011b. 瑞利阻尼系数确定方法对高土石坝地震反应的影响研究. 岩土力学,32(03):797-803.

Alyami M,Rouainia M,Wilkinson A M. 2000. Numerical analysis of deformation behaviour of quay walls under earthquake loading. Soil Dynamic and Earthquake Engineering,29:525-536.

Been K,Jefferies M G. 1985. A state parameter for sands. Geotechnique,35(2):99-112.

Chan A H C. 1988. A unified Finite Element solution to static and dynamic problems of geomechanics [Ph. D. Thesis]. Wales:University College of Swansea.

Chan A H C,Zieniewicz O C,Pastor M. 1988. Transformation of incremental plasticity relation from defining space to general Cartesian stress space. Communications in Applied Numerical Methods,

4(4):577-580.

Clough G W，Duncan J M. 1971. Finite element analyses of retaining wall behavior. Journal of Soil Mechanics and Foundations Division (ASCE)，97(SM12):1657-1673.

Dafalias Y F，Popov E P. 1975. A model for nonlinearly hardening materials for complex loading. Acta Mechanics，21:173-192.

Daouadji A，Hicher P Y. 2010. An enhanced constitutive model for crushable granular materials. International Journal for Numerical and Analytical Methods in Geomechanics，34:555-580.

Duncan J M，Chang C Y. 1970. Nonlinear analysis of stress and strain in soils. Journal of Soil Mechanics and Foundations Division，96(5):1629-1653.

Evigin E，Fakharian K. 1996. Effect of stress paths on the behavior of sand-steel interfaces. Canadian Geotechnical Journal，33:853-865.

Fakharian K. 1996. Three-dimensional monotonic and cyclic behavior of sand-steel interfaces: Testing and modelling[Ph. D. Thesis]Ottawa:University of Ottawa.

Fakharian K，Evigin E. 1997. Cyclic simple shear behavior of sand-steel interfaces under constant normal stiffness condition. Journal of Geotechnical and Geoenvironmental Engineering (ASCE)，123(12):1096-1105.

Hardin B O，Drnevich V P. 1972. Shear modulus and damping in soils:Design equations and curves. Journal of Soil Mechanics and Foundations Division，98(7):667-692.

Idriss I M，Lysmer J，Hwang R，et al. 1973. QUAD4 A computer program for evaluating the seismic response of soil structures by variable damping finite element procedures. Berkeley:University of California.

Iwan W D. 1967. On a class of models for yielding behavior of composite systems. Journal of Applied Mechanics，34:612-617.

Kaliakin V，Dafalias Y F. 1990. Theoretical aspects of the elastoplastic-viscoplastic bounding surface model for cohesive soils. Soils and Foundations，30(3):11-24.

Kennedy J，Eberhart R C. 1995. Particle swarm optimization. Proceedings of IEEE International Conference on Neural Networks，IV Piscataway. Piscataway:IEEE Service Center:1942-1948.

Lade P V，Yamamuro J A，Bopp P A. 1996. Significance of particle crushing in granular materials. Journal of Geotechnical Engineering，122(4):309-316.

Li T C，Zhang H Y. 2010. Dynamic parameter verification of P-Z model and its application of dynamic analysis on rockfill dam. Earth and Space 2010:Engineering，Science，Construction，and Operations in Challenging Environments.

Li X S. 2002. A sand model with state-dependent dilatancy. Geotechnique，52(3):173-186.

Li X S，Dafalias Y F. 2004. A constitutive framework for anisotropic sand including non-proportional loading. Geotechnique，54(1):41-55.

Ling H I，Liu H B. 2003. Pressure-level dependency and densification behavior of sand through a generalized plasticity model. Journal of Engineering Mechanics，129(8):851-860.

Ling H I，Yang S T. 2006. Unified sand based on the critical state and generalized plasticity. Journal of Engineering Mechanics，132(12):1380-1391.

Ling H I,Leshchinsky D,Yoshiyuki M. 1997. Soil slopes under combined horizontal and vertical seismic acceleration. Earthquake Engineering and Structural Dynamics,26(12):1231-1241.

Liu H B, Ling H I. 2008. Constitutive description of interface behavior including cyclic loading and particle breakage within the framework of critical state soil mechanics. International Journal for Numerical and Analytical Methods in Geomechanics,32:1495-1514.

Liu H,Zou D. 2013. An associated generalized plasticity framework for modeling gravelly soils considering particle breakage. Journal of Engineering Mechanics,139(5):606-615.

Liu H, Ling H, Song E. 2006. Constitutive modeling of soil-structure interface through the concept of critical state soil mechanics. Mechanics Research Communications,33:515-531.

Makdisi F I,Seed H B. 1978. Simplified procedure for estimating dam and embankment earthquake-induced deformation. Proceedings ASCE,JGED,104(7):849-867.

Manzanal D,Merodo J A F, Pastor M. 2011. Generalized plasticity state parameter-based model for saturated and unsaturated soils. Part1:Saturated state. International Journal for Numerical and Analytical Methods in Geomechanics,35:1347-1362.

Manzari M T, Dafalias Y F. 1997. A critical state two-surface plasticity model for sands. Geotechnique,47(2):255-272.

Matsuoka H,Sakakibara K. 1987. A constitutive model for sands and clays evaluating principal stress rotation. Soils and Foundations,27:73-88.

Morz Z. 1967. On the description of anisotropic hardening. Journal of Mechanics and Physics of Solids,15:163-175.

Naylor D J. 1978. Stress-strain laws for soils//Scott C R. Developments in Soil Mechanics. London:Applied Science Publishers Ltd:39-68.

Newmark N M. 1965. Effects of earthquake on dams and embankments. Geotechique,15(2):139-159.

Nova R. 1982. A constitutive model under monotonic and cyclic loading//Pande G N. Soil Mechanics-Tansient and Cyclic Loadings:Constitutive Relations and Numerical Treatment. New York:John Wiley & Sons:343-373.

Nova R,Wood D M. 1979. A constitutive model for sand in triaxial compression. International Journal for Numerical and Analytical Methods in Geomechanics,3(3):255-278.

Pastor M. 1991. Modelling of ansotropic sand behavior. Computers and Geotechnics,11(3):173-208.

Pastor M,Zienkiewicz O C, Leung K H. 1985. Simple model for transient soil loading in earthquake analysis. Ⅱ:Non-associative models for sands. International Journal for Numerical and Analytical Methods in Geomechanics,9:477-498.

Pastor M, Zienkiewicz O C, Chan A H C. 1990. Generalized plasticity and the modeling of soil behavior. International Journal for Numerical and Analytical Methods in Geomechanics, 14 (3):151-190.

Pradhan B S, Tatsuoka F, Sato Y. 1989. Experimental stress-dilatancy relations of sand subjected to cyclic loading. Soils and Foundations,29(1):45-64.

Prevost J H. 1977. Mathematical modeling of monotonic and cyclic undrained caly behavior. International Journal for Numerical and Analytical Methods in Geomechanics,1:323-338.

Roscoe K H, Schofield A N, Worth C P. 1958. On the yield of soils. Geotechnique,8(1):22-53.

Salim W, Indraratna B. 2004. A new elastoplastic constitutive model for coarse granular aggregates incorporating particle breakage. Canadian Geotechnical Journal,41(4):657-671.

Sassa S,Sekiguchi H. 2001. Analysis of waved-induced liquefaction of sand beds. Getechnique,51(2):115-126.

Serff N,Seed H B,Makdisi F I,et al. 1976. Earthquake induced deformations of earth dams. Report No. EERC 76-4,Earthquake Engineering Research Centre. Berkeley:University of California.

Shahrour I, Rezaie F. 1997. An elastoplastic constitutive relation for the soil-structure interface under cyclic loading. Computers and Geotechnics,21(1):21-39.

Sun L X. 2001. Centrifugal testing and finite element analysis of pipeline buried in liquefiable soil[Ph. D. Thesis]. New York:Columbia University.

Taniguchi E, Whitman R V, Marr A. 1983. Prediction of earthquake induced deformation of earth dams. Soils and Founclations, 23(4):126-132.

Wang Z L, Dafalias Y F, Shen C K. 1990. Bounding surface hypoplasticity model for sand. Journal of Engineering Mechanics,116(5):983-1001.

Xu B,Zou D G,Liu H B. 2012. Three-dimensional simulation of the construction process of the Zipingpu concrete face rockfill dam based on a generalized plasticity model. Computers and Geotechnics, 43:143-154.

Xu M,Song E S,Chen J F. 2012. A large triaxial investigation of the stress-path-dependent behavior of compacted rockfill. Acta Geotechnica,7(3):167-175.

Yoshida N,Kobayashi S,Suetomi I,et al. 2002. Equivalent linear method considering frequency dependent characteristics of stiffness and damping. Soil Dynamics and Earthquake Engineering,22(3):205-222.

Zeghal M, Edil T. 2002. Soil structure interaction analysis:Modeling the interface. Canadian Geotechnical Journal,39:620-628.

Zhang G, Zhang J M. 2008. Unified modelling of monotonic and cyclic behavior of interface between structure and gravelly soil. Soils and Foundations,48(2):231-245.

Zienkiewicz O C,Morz Z. 1984. Generalized plasticity formulation and application to geomechanics// Desai C S, Gallapher R H. Mechanics of Engineer Materials. New York: John Wiley & Sons.

Zienkiewicz O C,Leung K H, Pastor M. 1985. Simple model for transient soil loading in earthquake analysis. I:Basic model and its application. International Journal for Numerical and Analytical Methods in Geomechanics,9:453-476.

Zienkiewicz O C,Chan A H C,Pastor M,et al. 1998. Computational Geomechanics with Special Reference to Earthquake Engineering. New York:John Wiley & Sons,235-236.

第4章 土石坝等土工构筑物的有限元软件开发

近三十年来,随着计算土力学、有限元方法和计算机技术的迅速发展,国内外的研究者相继开发了用于研究岩土工程的计算机程序,如 FEADAM (Duncan et al. ,1980)、QUAD4(Idriss,1973)、SWANDYNE(Chan,1988, 1990)、CRISP(Rick and Amir,2001)、SHAKE(Idriss and Sun,1992)、FLUSH(Lysmer et al. ,1970)及其不同的修改版本等。但这些程序解决的问题大多比较单一,一般只能解决固结问题、地震反应问题、静力问题、土工建筑物填筑和开挖问题中的某个局部问题或有限的几个局部问题。例如,FEADAM 只能解决堤坝的填筑问题;QUAD4、FLUSH 和 SHAKE 只能分析地震反应问题;SWANDYNE 不能模拟填筑和开挖问题;CRISP 不能分析地震问题;并且这些程序中的大多数不能分析饱和土问题。

土工建筑物真实的受力情况是非常复杂的。例如,堤坝施工时需要模拟填筑;蓄水时需要模拟浮托力、水压力等静力荷载;遭遇地震时需要进行动力反应和永久变形分析;另外,有时还要考虑湿化和蠕变等复杂效应。而这些不同受力过程往往是互相影响和制约的,通常需要多个程序联合来共同解决这些复杂问题。这些程序的数据格式(包括输入和输出)、分析方法、材料模型、单元类型等均不相同,致使研究过程烦琐、容易出错;并且这些程序的升级和维护也十分困难,这样就对高土石坝计算软件的功能集成提出了要求。

土石坝往往地质条件复杂,坝体和地基模型规模巨大;土石坝分析的范围正从二维分析扩展到三维分析,从弹性分析扩展到弹塑性分析,从静力分析扩展到动力分析,从单相介质分析到多孔介质分析,从连续变形分析到非连续变形分析。目前这些软件的计算规模和计算速率已经远远满足不了土石坝分析的要求。

另外,目前几乎所有的岩土工程有限元分析程序都采用面向过程的结构化程序设计方法编制,这种方法存在一定的弊端:这种开发体系把数据和处理数据的过程分离成互为独立的实体,当数据结构发生改变时,所有相关的处理过程都要进行相应的修改,因此程序的可重用性、可移植性和可维护性较差。岩土工程问题是非常复杂的,很难用一种统一的方法和本构模型来分析各种不同的物理现象,且解决岩土工程问题的方法和本构含有很多的经验因素,并不能用一个理想的数学关系来表达。因此,设计程序时应充分考虑各种复杂因素,要尽可能进行抽象,并预留接口,以便使用过程中不断进行维护和修正。面向过程的程序设计方法很难满足这些要求,必须通过面向对象的设计方法才能解决这些问题。

考虑到上述情况,作者课题组从 20 世纪 90 年代开始,就结合我国一批高土石坝(吉林台、糯扎渡、两河口、双江口等),在 10 多项国家自然科学基金项目的资助下,用先进的开发技术,包括:Windows 开发平台、C++语言、Visual Studio 和 MFC 开发环境、面向对象的设计方法、多线程和并行计算、图形用户界面、OpenGL 可视化等,开发了土石坝等土工构筑物静、动力分析的软件系统 GEODYNA。

4.1 软件开发的有限元分析理论

4.1.1 控制方程

GEODYNA 是以广义 Biot 固结理论为基础进行的软件设计和开发。自从 Biot(1956)提出描述饱和多孔介质动力特性的基本方程以来,动力固结方程已经被广泛应用于土动力学的分析中。动力固结方程的第一个有限元数值解法是由 Ghaboussi 和 Wilson(1972)提出的,当时以固相的位移和相对于固相的液相速度为基本变量。计算结果表明,在地震这样非高频荷载的情况下,可以采用以固相位移和孔隙水压力为基本变量的形式,这种形式由 Zienkiewicz 等(1980)首先提出,之后被进一步推广到非线性大变形的分析中(Zienkiewicz et al.,1982;Zienkiewicz and Shiomi,1984)。

Biot 动力固结方程的基本假定:

(1) 介质为固体(土骨架)、流体(水)混合的多孔介质;

(2) 考虑固体和流体的压缩性;

(3) 流体渗流运动服从广义 Darcy 定律;

(4) 土体应力方向与弹性力学一致,流体孔隙压力以压为正。

饱和土体的有效应力原理可以表示为

$$\sigma'_{ij} = \sigma_{ij} + \delta_{ij} p \tag{4.1}$$

式中,σ'_{ij} 为有效应力张量;σ_{ij} 为总应力张量;p 为孔隙水压力;δ_{ij} 为单位张量 Kroneckerδ。

考虑土颗粒的压缩性,修正的有效应力表达式:

$$\sigma''_{ij} = \sigma_{ij} + \alpha \delta_{ij} p \tag{4.2}$$

对于土力学问题,可以假定 $\alpha = 1$。

土体的动力平衡方程:

$$\sigma_{ij,j} - \rho \ddot{u}_i + \rho b_i - \rho_f \dot{w}_i = 0 \tag{4.3}$$

式中,$\sigma_{ij,j} = \partial \sigma_{ij} / \partial x_j$;$\rho$ 为饱和土体的密度;$\ddot{u}_i$ 为饱和土体的加速度;ρ_f 为液相的密度;b_i 为单位质量上的体积力;$\dot{w}_i$ 为液相与固相之间的相对速度。

流体动力平衡方程:

$$- p_{,i} - R_i - \rho_f \ddot{u}_i - \rho_f \dot{w}_i / n + \rho_f b_i = 0 \tag{4.4}$$

式中,$p_{,i} = \partial p / \partial x_i$;$R_i$ 为固相与液相有相互运动时两者之间的相互作用力;n 为孔隙率。

Darcy 定律:

$$k_{ij} R_j = w_i \tag{4.5}$$

流体质量守恒:

$$w_{i,i} + \alpha \dot{\varepsilon}_{ii} + \frac{\dot{p}}{Q} + n \frac{\dot{\rho}_f}{\rho_f} + \dot{s} = 0 \tag{4.6}$$

$$\frac{1}{Q} = \frac{n}{K_f} + \frac{\alpha - n}{K_s} \tag{4.7}$$

式中,$w_{i,i} = \partial w_i / \partial x_i$;$\dot{\varepsilon}_{ii}$ 为混合体的体积应变速率;Q 为液相的流量;$\dot{s}$ 为固相的体积膨胀率;K_s 为固相骨架压缩模量;K_f 为流相压缩模量。

流体的控制方程:

$$[k_{ij}(- p_{,j} - \rho_f \ddot{u}_j + \rho_f b_j)]_{,i} + \alpha \dot{\varepsilon}_{ii} + \frac{\dot{p}}{Q} = 0 \tag{4.8}$$

如果忽略液相的加速度,则可以得到饱和土体动力控制方程(u-p 形式):

$$\begin{cases} \sigma_{ij,j} - \rho \ddot{u}_i + \rho b_i = 0 \\ [k_{ij}(- p_{,j} - \rho_f \ddot{u}_j + \rho_f b_j)]_{,i} + \alpha \dot{\varepsilon}_{ii} + \frac{\dot{p}}{Q} = 0 \end{cases} \tag{4.9}$$

边界条件:

$$\Gamma = \Gamma_t \bigcup \Gamma_u \tag{4.10}$$

$$t_i = \sigma_{ij} n_j = \bar{t}_i \tag{4.11}$$

$$u_i = \bar{u}_i, \quad \Gamma = \Gamma_u \tag{4.12}$$

$$\Gamma = \Gamma_p \bigcup \Gamma_w \tag{4.13}$$

$$p = \bar{p}, \quad \Gamma = \Gamma_p \tag{4.14}$$

$$n_i w_i = n_i k_{ij}(- p_{,j} - \rho_f \ddot{u}_j + \rho_f b_j) = \bar{w}_n = -\bar{q} \tag{4.15}$$

式中,Γ_t 为应力边界;Γ_u 为位移边界;t_i 为表面力;n_j 为单位法向矢量;$\bar{t}_i$ 为

边界上已知的应力；$\bar{u}_i$ 为边界上已知的混合体位移；Γ_p 为液相压力边界；Γ_w 为液相位移边界；$\bar{p}$ 为边界上已知的液相压力；$\bar{w}_n$ 为边界上已知的液相与固相之间的相对位移。

4.1.2　有限元离散和求解

骨架位移和孔隙流体压力的形函数分别为 N^u 和 N^p，则

$$u_i \approx N^u_K \bar{u}_{Ki} \tag{4.16}$$

$$p \approx N^p_K \bar{p}_K \tag{4.17}$$

式中，$\bar{u}_{Ki}$ 为骨架结点位移；$\bar{p}_K$ 为结点孔隙流体压力。

采用 Galerkin 法对饱和土体的动力控制方程进行空间域离散，式(4.3)可表示为

$$\int_\Omega N^u_K(\sigma_{ij,j} - \rho N^u_L \ddot{u}_{Li} + \rho b_i)\mathrm{d}\Omega = 0 \tag{4.18}$$

运用 Green 公式将上式进行分步积分

$$\int_\Omega N^u_{K,j}\sigma_{ij}\mathrm{d}\Omega + \int_\Omega N^u_K \rho N^u_L \mathrm{d}\Omega\, \ddot{u}_{Li} = \int_\Omega N^u_K \rho b_i \mathrm{d}\Omega + \int_{\Gamma_t} N^u_K \bar{t}_i \mathrm{d}\Gamma \tag{4.19}$$

引入有效应力原理

$$\int_\Omega N^u_K \rho N^u_L \mathrm{d}\Omega\, \ddot{u}_{Li} + \int_\Omega N^u_{K,j}\sigma''_{ij}\mathrm{d}\Omega - \int_\Omega N^u_{K,j}\alpha\,\delta_{ij}N^p_L \mathrm{d}\Omega p_L$$

$$= \int_\Omega N^u_K \rho b_i \mathrm{d}\Omega + \int_{\Gamma_t} N^u_K \bar{t}_i \mathrm{d}\Gamma \tag{4.20}$$

可简写为

$$M_{KL}\ddot{u}_{Li} + \int_\Omega N^u_{K,j}\sigma''_{ij}\mathrm{d}\Omega - Q_{KiL}\bar{p}_L - f^{(1)}_{Ki} = 0 \tag{4.21}$$

$$M_{KL} = \int_\Omega N^u_K \rho N^u_L \mathrm{d}\Omega \tag{4.22}$$

$$Q_{KiL} = \int_\Omega N^u_{K,j}\alpha\,\delta_{ij}N^p_L \mathrm{d}\Omega = \int_\Omega N^u_{K,i}\alpha N^p_L \mathrm{d}\Omega \tag{4.23}$$

$$f^{(1)}_{Ki} = \int_\Omega N^u_K \rho b_i \mathrm{d}\Omega + \int_{\Gamma_t} N^u_K \bar{t}_i \mathrm{d}\Gamma \tag{4.24}$$

引入系统阻尼并写成矩阵形式：

$$\boldsymbol{M}\ddot{\boldsymbol{u}} + \boldsymbol{C}\dot{\boldsymbol{u}} + \int_\Omega \boldsymbol{B}^{\mathrm{T}}\boldsymbol{\sigma}''\mathrm{d}\Omega - \boldsymbol{Q}\bar{\boldsymbol{p}} - \boldsymbol{f}^{(1)} = 0 \tag{4.25}$$

$$\boldsymbol{M} = \int_\Omega (\boldsymbol{N}^u)^{\mathrm{T}}\rho \boldsymbol{N}^u \mathrm{d}\Omega \tag{4.26}$$

$$\boldsymbol{C} = \alpha\boldsymbol{M} + \beta\boldsymbol{K}_{\mathrm{T}} \tag{4.27}$$

$$\boldsymbol{K}_{\mathrm{T}} = \int_{\Omega} \boldsymbol{B}^{\mathrm{T}} \boldsymbol{D}_{\mathrm{T}} \boldsymbol{B} \mathrm{d}\Omega \tag{4.28}$$

$$\boldsymbol{Q} = \int_{\Omega} \boldsymbol{B}^{\mathrm{T}} \alpha \boldsymbol{m} \boldsymbol{N}^p \mathrm{d}\Omega \tag{4.29}$$

$$\boldsymbol{f}^{(1)} = \int_{\Omega} (\boldsymbol{N}^u)^{\mathrm{T}} \rho \boldsymbol{b} \mathrm{d}\Omega + \int_{\Gamma_t} (\boldsymbol{N}^u)^{\mathrm{T}} \bar{\boldsymbol{t}} \mathrm{d}\Gamma \tag{4.30}$$

式(4.8)可表示为

$$\int_{\Omega} N_K^p \Big[k_{ij} \left(- p_{,j} - \rho_{\mathrm{f}} \ddot{u}_j + \rho_{\mathrm{f}} b_j \right)_{,i} + \alpha \dot{u}_{i,i} + \frac{\dot{p}}{Q} \Big] \mathrm{d}\Omega = 0 \tag{4.31}$$

运用 Green 公式将式(4.31)进行分部积分

$$M_{KLi}^{\mathrm{f}} \ddot{u}_{Li} + \widetilde{Q}_{KLi} \dot{u}_{Li} + S_{KL} \dot{p}_L + H_{KL} \bar{p}_L - f_K^{(2)} = 0 \tag{4.32}$$

$$M_{KLi}^{\mathrm{f}} = \int_{\Omega} N_{K,i}^p k_{ij} \rho_{\mathrm{f}} N_L^u \mathrm{d}\Omega \tag{4.33}$$

$$\widetilde{Q}_{KLi} = \int_{\Omega} N_K^p \alpha N_{L,i}^u \mathrm{d}\Omega \tag{4.34}$$

$$S_{KL} = \int_{\Omega} N_K^p \frac{1}{Q} N_L^p \mathrm{d}\Omega \tag{4.35}$$

$$H_{KL} = \int_{\Omega} N_{K,i}^p k_{ij} N_{L,j}^p \mathrm{d}\Omega \tag{4.36}$$

$$f_K^{(2)} = \int_{\Omega} N_{K,i}^p k_{ij} \rho_{\mathrm{f}} b_j \mathrm{d}\Omega + \int_{\Gamma_w} N_K^p \bar{q}_n \mathrm{d}\Gamma \tag{4.37}$$

写成矩阵形式

$$\boldsymbol{M}_{\mathrm{f}} \ddot{\boldsymbol{u}} + \widetilde{\boldsymbol{Q}} \dot{\boldsymbol{u}} + \boldsymbol{S} \dot{\boldsymbol{p}} + \boldsymbol{H}\bar{\boldsymbol{p}} - \boldsymbol{f}^{(2)} = 0 \tag{4.38}$$

$$\boldsymbol{M}_{\mathrm{f}} = \int_{\Omega} (\nabla \boldsymbol{N}^p)^{\mathrm{T}} \boldsymbol{k} \rho_{\mathrm{f}} \boldsymbol{N}^u \mathrm{d}\Omega \tag{4.39}$$

$$\widetilde{\boldsymbol{Q}} = \boldsymbol{Q}^{\mathrm{T}} \tag{4.40}$$

$$\boldsymbol{S} = \int_{\Omega} (\boldsymbol{N}^p)^{\mathrm{T}} \frac{1}{Q} \boldsymbol{N}^p \mathrm{d}\Omega \tag{4.41}$$

$$\boldsymbol{H} = \int_{\Omega} (\nabla \boldsymbol{N}^p)^{\mathrm{T}} \boldsymbol{k} \nabla \boldsymbol{N}^p \mathrm{d}\Omega \tag{4.42}$$

$$\boldsymbol{f}^{(2)} = \int_{\Omega} (\nabla \boldsymbol{N}^p)^{\mathrm{T}} \boldsymbol{k} \rho_{\mathrm{f}} \boldsymbol{b} \mathrm{d}\Omega + \int_{\Gamma_w} \boldsymbol{N}^p \bar{q} \mathrm{d}\Gamma \tag{4.43}$$

饱和土体的动力控制方程在时间域内的离散采用了广义 Newmark 方法 (GNpj)(Katona and Zienkiewicz,1985),其中位移 $\bar{u}$ 使用 GN22 离散,孔压 $\bar{p}$ 采用了 GN11 离散,可以得到

$$\ddot{\boldsymbol{u}}_{n+1} = \ddot{\boldsymbol{u}}_n + \Delta \ddot{\boldsymbol{u}}_n \tag{4.44}$$

$$\dot{\bar{u}}_{n+1} = \dot{\bar{u}}_n + \ddot{\bar{u}}_n \Delta t + \beta_1 \Delta \ddot{\bar{u}}_n \Delta t = \dot{\bar{u}}_{n+1}^p + \beta_1 \Delta \ddot{\bar{u}}_n \Delta t \tag{4.45}$$

$$\bar{u}_{n+1} = \bar{u}_n + \dot{\bar{u}}_n \Delta t + \frac{1}{2} \ddot{\bar{u}}_n \Delta t^2 + \frac{1}{2} \beta_2 \Delta \ddot{\bar{u}}_n \Delta t^2 = \bar{u}_{n+1}^p + \frac{1}{2} \beta_2 \Delta \ddot{\bar{u}}_n \Delta t^2 \tag{4.46}$$

$$\dot{\bar{p}}_{n+1} = \dot{\bar{p}}_n + \Delta \dot{\bar{p}}_n \tag{4.47}$$

$$\bar{p}_{n+1} = \bar{p}_n + \dot{\bar{p}}_n \Delta t + \bar{\beta}_1 \Delta \dot{\bar{p}}_n \Delta t = \bar{p}_{n+1}^p + \bar{\beta}_1 \Delta \dot{\bar{p}}_n \Delta t \tag{4.48}$$

式中,β_1、β_2 和 $\bar{\beta}_1$ 是时间步参数,取值范围为 $0.0 \sim 1.0$。为了求解的无条件稳定,对于固相,要求 $\beta_2 \geqslant \beta_1 \geqslant 1/2$,对于液相,要求 $\bar{\beta}_1 \geqslant 1/2$。通常取 $\beta_1 = 0.6$,$\beta_2 = 0.605$,$\bar{\beta}_1 = 0.6$,这样可以引入一定的数值阻尼,避免产生振荡。广义 Newmark 法也可以通过调整 β_1、β_2 和 $\bar{\beta}_1$ 等系数退化成常用的 Newmark β 法。

将式(4.46)、式(4.48)分别代入式(4.25)、式(4.38),得到

$$\begin{cases} \boldsymbol{\Psi}_{n+1}^{(1)} = (\boldsymbol{M}_{n+1} + \boldsymbol{C}_{n+1}\beta_1 \Delta t) \Delta \ddot{\bar{u}}_n + \boldsymbol{P}(\bar{u}_{n+1}) - \boldsymbol{Q}_{n+1}\bar{\beta}_1 \Delta t \Delta \dot{\bar{p}}_n - \boldsymbol{F}_{n+1}^{(1)} = 0 \\ \boldsymbol{\Psi}_{n+1}^{(2)} = (\boldsymbol{M}_{n+1}^{\mathrm{f}} + \boldsymbol{Q}_{n+1}^T \beta_1 \Delta t) \Delta \ddot{\bar{u}}_n + (\boldsymbol{S}_{n+1} + \boldsymbol{H}_{n+1}\bar{\beta}_1 \Delta t) \Delta \dot{\bar{p}}_n - \boldsymbol{F}_{n+1}^{(2)} = 0 \end{cases} \tag{4.49}$$

$$\boldsymbol{P}(\bar{u}_{n+1}) = \int_\Omega \boldsymbol{B}^{\mathrm{T}} \sigma''_{n+1} \mathrm{d}\Omega = \int_\Omega \boldsymbol{B}^{\mathrm{T}} \Delta \sigma''_n \mathrm{d}\Omega + \boldsymbol{P}(\bar{u}_n) \tag{4.50}$$

$$\boldsymbol{F}_{n+1}^{(1)} = \boldsymbol{f}_{n+1}^{(1)} - \boldsymbol{M}_{n+1} \ddot{\bar{u}}_n - \boldsymbol{C}_{n+1} \dot{\bar{u}}_{n+1}^p + \boldsymbol{Q}_{n+1} \bar{p}_{n+1}^p \tag{4.51}$$

$$\boldsymbol{F}_{n+1}^{(2)} = \boldsymbol{f}_{n+1}^{(2)} - \boldsymbol{M}_{n+1}^{\mathrm{f}} \ddot{\bar{u}}_n - \boldsymbol{Q}_{n+1}^{\mathrm{T}} \dot{\bar{u}}_{n+1}^p - \boldsymbol{S}_{n+1} \dot{\bar{p}}_n - \boldsymbol{H}_{n+1} \bar{p}_{n+1}^p \tag{4.52}$$

对于弹塑性或者非线性分析,可以使用 Newton-Raphson 迭代法求解,求解过程可写为

$$\boldsymbol{J} \left\{ \begin{matrix} \delta \Delta \ddot{\bar{u}}_n \\ \delta \Delta \dot{\bar{p}}_n \end{matrix} \right\}^{l+1} = - \left\{ \begin{matrix} \boldsymbol{\Psi}_{n+1}^{(1)} \\ \boldsymbol{\Psi}_{n+1}^{(2)} \end{matrix} \right\}^l \tag{4.53}$$

式中,l 为迭代次数。

$$\left\{ \begin{matrix} \Delta \ddot{\bar{u}}_n \\ \Delta \dot{\bar{p}}_n \end{matrix} \right\}^{l+1} = \left\{ \begin{matrix} \Delta \ddot{\bar{u}}_n \\ \Delta \dot{\bar{p}}_n \end{matrix} \right\}^l + \left\{ \begin{matrix} \delta \Delta \ddot{\bar{u}}_n \\ \delta \Delta \dot{\bar{p}}_n \end{matrix} \right\}^{l+1} \tag{4.54}$$

雅可比矩阵 $\boldsymbol{J}$ 为

$$\boldsymbol{J} = \begin{bmatrix} \dfrac{\partial \boldsymbol{\Psi}_{n+1}^{(1)}}{\partial \Delta \ddot{\bar{u}}_n} & \dfrac{\partial \boldsymbol{\Psi}_{n+1}^{(1)}}{\partial \Delta \dot{\bar{p}}_n} \\ \dfrac{\partial \boldsymbol{\Psi}_{n+1}^{(2)}}{\partial \Delta \ddot{\bar{u}}_n} & \dfrac{\partial \boldsymbol{\Psi}_{n+1}^{(2)}}{\partial \Delta \dot{\bar{p}}_n} \end{bmatrix} = \begin{bmatrix} \boldsymbol{M}_{n+1} + \boldsymbol{C}_{n+1}\beta_1 \Delta t + \dfrac{1}{2} \boldsymbol{K}_{Tn+1}\beta_2 \Delta t^2 & -\boldsymbol{Q}_{n+1}\bar{\beta}_1 \Delta t \\ \boldsymbol{M}_{n+1}^{\mathrm{f}} + \boldsymbol{Q}_{n+1}^{\mathrm{T}}\beta_1 \Delta t & \boldsymbol{S}_{n+1} + \boldsymbol{H}_{n+1}\bar{\beta}_1 \Delta t \end{bmatrix} \tag{4.55}$$

4.2 软件的开发技术

采用面向对象的设计方法(邹德高,2008),对土石坝等土工构筑物分析中的应力和应变本构模型、孔隙水渗流模型、地震孔隙水压力模型、单元类型、荷载类型、求解器进行类型抽象、继承、重载和多态等设计,建立了有限元分析模型的类库,提高了开发效率,有利于软件的进一步升级、拓展和维护,并采用并行计算技术,大幅度地提升了计算规模和分析效率。

4.2.1 开发的操作系统平台

毫无疑问,Windows 操作系统是现行应用最为广泛的操作系统,其发展前景良好。在编程技术上,与传统的 DOS 操作系统相比,机制上有着本质的革新,如提供了多任务、图形用户界面和可视化、虚拟内存和内存共享、消息传递、动态连接等丰富特性。这些都是 DOS 操作系统所无法比拟的。

4.2.2 开发的环境和语言

采用 C++ 作为开发编程语言。与面向过程的程序设计语言(Fortran77、Fortran90 等)比较,C++ 是一种面向对象的程序设计语言。C++ 是在 C 基础上扩充而成的,既保持了 C 语言的许多特性,包括语法、语义、程序结构及实现过程,又增加了数据抽象、继承机制、虚拟函数、重载等丰富特性,是一种灵活、高效、易移植、应用最广的面向对象语言。另外,在面向对象编程语言中,C++ 的计算效率也是最高的。

Visual C++ 中集成的 MFC(microsoft foundation classes)是一个庞大的类库,MFC 封装了大多数 Windows API 函数。MFC 也是面向对象的,除了封装特性外,还具有继承和多态等特性。MFC 极大地提高了 C++ 语言能力,显著简化了 Windows 程序的开发,并缩短项目的开发周期。

4.2.3 面向对象设计

软件开发采用了面向对象的设计方法。首先,它将数据及对数据的操作方法放在一起,作为一个相互依存、互不分离的整体,即对象。对同类型对象抽象出其共性,形成类。对于类中的大多数数据,只能用本类的方法进行处理。类通过一个简单的外部接口与外界发生关系,对象与对象之间通过消息进行通信。这样,程序模块间的关系更为简单,程序模块的独立性、数据的安全性进而就有了良好的保障。另外,继承与多态性还可以大大提高程序的可重用性,使得软件的开发和维护都更为方便。

　　由于整个有限元分析过程均是由一些类的协调工作来完成的,而这些类一般要通过高度抽象形成父类,并根据需要派生出丰富的子类。下面具体介绍一下这些类的功能、子类及相互关系等。

　　1. 单元类——CElement

　　单元类是所有单元类型的基类,其主要功能是:
　　(1) 形成单元矩阵(包括质量矩阵、阻尼矩阵、刚度矩阵、渗透矩阵、压缩矩阵、耦合矩阵等);
　　(2) 计算单元应变和应力;
　　(3) 输出单元应变和应力;
　　(4) 计算与单元相关的荷载(包括体积荷载、面荷载、地震荷载、渗流荷载等);
　　(5) 形成单元不平衡力向量。
　　单元类通过接口调用应力模型类、时间积分类、结点类、矩阵类、向量类等,共同完成上述功能。
　　单元类作为父类(或基类),派生出多孔连续介质块体单元类、结构单元类、界面单元类、边界单元类等。
　　多孔连续介质块体单元类派生出固体介质单元类、流体介质单元类和流-固耦合单元类;结构单元类派生出梁单元类、杆单元类、质量单元类以及弹簧单元类等;边界单元类派生出黏弹性边界单元。
　　实现单元类的部分成员函数如下:

```
void CElement::FormEquivalentStiffMatrix()          //形成单元等效刚度矩阵
void CElement::FormConsistentMassMatrix()           //形成单元协调质量矩阵
void CElement::FormLumpedMassMatrix()               //形成单元协调质量矩阵
void CElement::FormStiffMatrix()                     //形成单元刚度矩阵
void CElement::FormDampMatrix()                      //形成单元阻尼矩阵
void CElement::FormPenetrateMatrix()                //形成单元渗透矩阵
void CElement::FormCompressMatrix()                 //形成单元压缩矩阵
void CElement::FormCouplingMatrix()                 //形成单元耦合矩阵
void CElement::FormUnbalanceBodyForce()             //形成单元不平衡力向量
void CElement::CaculateElementVector()              //计算单元应力
void CElement::PrintElementVector(FILE * fpout)     //输出单元应力和应变
```

单元类的主要继承关系如图 4.1 所示。

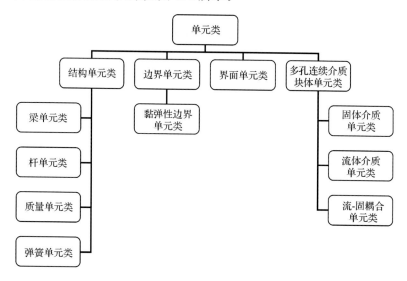

图 4.1　单元类的主要继承关系

2. 结点类——CNode

结点类的主要功能是：
(1) 初始化自由度对应的方程号；
(2) 形成结点荷载向量；
(3) 计算结点位移、速度、加速度、孔隙水压力等；
(4) 输出结点位移、速度、加速度、孔隙水压力等。
结点类通过接口调用时间积分类、单元类、向量类等共同完成上述功能。
实现结点类的部分成员函数如下：

```
void MarkDOF(int nDof)                        //标记自由度
void MarkConstraint(int nDof)                 //标记约束
void SetEquationCode(int nIndex, int nValue)  //设定方程号
int  GetEquationCode(int nIndex)              //得到方程号
void UpdateDispIncrement()                    //更新结点位移增量
void UpdateCurrentStepUnknown()               //更新当前时间步结点未知量
void PrintUnknown(FILE * fpout)               //输出结点未知量
```

3. 应力模型类——CStressModel

应力模型即材料的应力-应变本构模型，与材料渗流模型有所区别，称为

应力模型类,其主要功能是:

(1) 提供应力模型信息输入的接口;

(2) 形成应力-应变本构矩阵、单元高斯点应力积分;

(3) 进行应力积分。

应力模型类通过接口调用单元类、分析类、矩阵类、向量类等共同完成上述功能。应力模型类作为基类,派生出线弹性模型类、非线性弹性模型类、等效线性模型类、弹塑性模型类。其中,线弹性模型类派生出各向同性线弹性模型类等;非线性弹性模型类派生出邓肯-张 E-B 模型类、邓肯-张 E-ν 模型类、分段线性接触面模型类、双曲线接触面模型类等;等效线性模型类派生出 Hardin 模型类、沈珠江修改 Hardin 模型类等;弹塑性模型类派生出沈珠江南水模型类、广义塑性模型类、临界状态广义弹塑性模型类、理想弹塑性接触面模型类、理想弹塑性模型类、理想弹塑性的杆单元模型类等。

应力模型类的主要继承关系如图 4.2 所示。

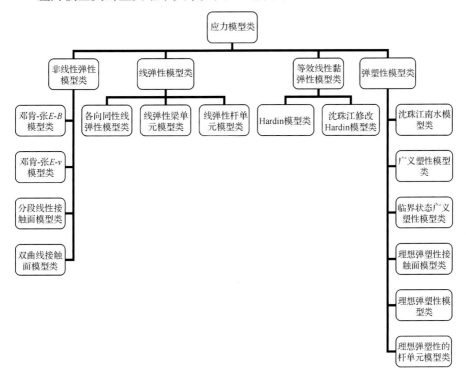

图 4.2　应力模型类的主要继承关系

4. 渗流模型类——CDiffusionModel

渗流模型类是所有渗流模型的基类,其主要功能有:

(1) 提供渗流模型信息输入的接口;

(2) 形成渗透矩阵。

渗流模型类通过接口调用单元类、分析类、矩阵类、向量类等共同完成上述功能。渗流模型类作为基类,目前派生出各向同性 Darcy 渗流模型类。

5. 荷载类——CLoad

荷载类是所有荷载类型的基类,其主要功能是:

(1) 提供荷载信息输入的接口;

(2) 根据荷载步或时间步将荷载施加于单元或结点。

荷载类通过接口调用单元类、结点类、分析类、向量类等,共同完成上述功能。荷载类作为基类,派生出单元体积荷载类、结点荷载类、面荷载类、水压力荷载、浮托力荷载类、应变势荷载类、地震加速度荷载类、支座位移荷载类、渗流荷载类和流-固耦合荷载类等。其中,单元体积荷载类派生出单元体积恒荷载类、单元体积时间变化荷载类;结点荷载类派生出结点恒荷载类、结点时间变化荷载类。值得注意的是,该软件通过实现应变势荷载类统一了等价结点力法的湿化、蠕变和地震永久变形等计算功能。实现荷载类的部分成员函数如下:

```
void SetParameter(FILE * fpInput)        //读入荷载信息
void AddLoadToObject(double dTime)        //将荷载施加到单元或结点上
void LocateObjectConnect()               //定位荷载
```

荷载类的主要继承关系如图 4.3 所示。

6. 时间积分类——CTimeIntegration

时间积分类是所有时间积分类型的基类,其主要功能是:

(1) 提供时间积分信息输入的接口;

(2) 根据荷载步或时间步更新时间积分系数;

(3) 计算当前荷载步或时间步的结点位移、速度、加速度、孔隙水压力等。

时间积分类作为基类,目前派生出广义 Newmark 时间积分类,并可退化成 Newmark β 法和 Wilson θ 法。

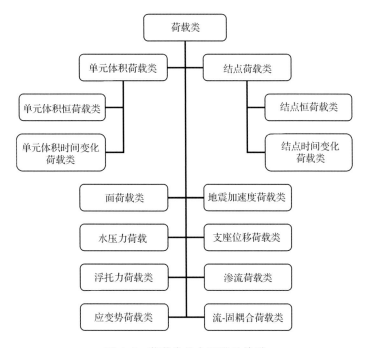

图 4.3 荷载类的主要继承关系

7. 方程组类——CEquationSystem

方程组类的主要功能是：

（1）组装方程左端项；

（2）组装方程右端项；

（3）调用求解器类求解方程组。

方程组类通过接口调用分析类、矩阵类、向量类和求解器类等共同完成上述功能。

8. 求解器类——CSolver

求解器类的主要功能是求解方程组。求解器类通过接口调用分析类、矩阵类、向量类等共同完成此功能。求解器类作为基类，派生出直接求解器类、迭代求解器类。其中，直接求解器类又派生出对称直接求解器类和非对称直接求解器类

求解器类的主要继承关系如图 4.4 所示。

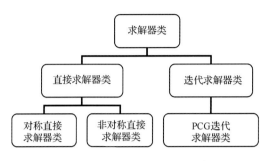

图 4.4　求解器类的主要继承关系

9. 容器类——CContainer

有限元问题可能包含大量的单元、结点以及应力模型等,这些均以类的实例对象存在。GEODYNA 采用容器类管理这些对象的存储和操作,由于管理的对象不同,容器类分为单元容器类、结点容器类、荷载容器类、应力模型容器类和渗流模型容器类等。

10. 矩阵类——CMatrix

有限元运算过程存在大量的数组运算。GEODYNA 设计了数组类,可进行数组之间、数组与向量或标量之间的数学运算(包括加、减、乘、除、行列式、转置等),通过重载运算符使数组的数学运算更加简洁。如

```
A = B * C      //表示数组相乘
A = B + C      //表示数组相加
A = B - C      //表示数组相减
A = B / c      //表示数组除以一个标量
```

11. 向量类——CVector

GEODYNA 设计了向量类,可进行向量之间、向量与数组或标量之间的数学运算(包括加、减、乘、除、叉乘、点乘等),通过重载运算符使向量的数学运算更加简洁。如

```
a = B * C      //表示向量点乘
A = B + C      //表示向量相加
A = B - C      //表示向量相减
A = B / c      //表示向量除以一个标量
```

12. 有限元控制类——CDomain

CDomain 类是整个程序的控制类,其主要功能是:

(1) 有限元分析数据文件的读入,包括单元信息、结点信息、荷载信息等;

(2) 形成其他类的对象;

(3) 初始化或销毁有限元分析所需要的内存;

(4) 协调其他各类的接口调用;

(5) 负责有限元整个计算流程。

实现类的部分成员函数如下:

```
void CDomain::SetAnalysisModel()        //读入有限元分析数据文件
void CDomain::InitCondition()           //读入有限元分析的初始应力或应变
void CDomain::AddElement()              //形成单元类的对象
void CDomain::AddNode()                 //形成结点类的对象
void CDomain::AddLoad()                 //形成荷载类的对象
void CDomain::AddStressModel()          //形成应力模型类的对象
void CDomain::GeneralDynamic(CString sFileTitle)        //控制动力分析过程
void CDomain::GeneralStatic(CString sFileTitle)         //控制静力分析过程
void CDomain::GeneralConsolidation(CString sFileTitle)  //控制固结分析过程
```

通过有限元控制类将有限元各部分功能有机地结合在一起,形成整个程序框架,主要类的相互关系见图 4.5。

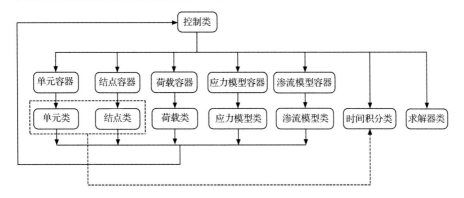

图 4.5　程序中主要类的相互关系

4.2.4　并行计算

在岩土工程有限元计算领域,材料的强非线性和大规模模型往往要求计算机具有高速运算能力;而目前的大多数应用程序均采用串行的设计方法,只能使用单核 CPU 的运算能力,浪费了系统资源,限制了计算效率和精度。鉴于以上原因,GEODYNA 采用了 OpenMP 模型(李宝峰等,2007)实现了并行化加速。

　　OpenMP 标准作为一个用以编写可移植的多线程应用程序库,是一种能通过高级指令,很简单地将程序平行化的 API。OpenMP 作为支持程序并行计算的 API,与其他方法相比,能够为编写多线程应用程序提供一种简单的方法,而无需程序员进行复杂的线程创建、同步、负载平衡和销毁工作。使用 OpenMP 可以很容易地将一些串行设计的程序改成并行程序或部分并行程序。通过在原有程序中增加一些指令可以将互不影响的串行过程分配给不同的 CPU 内核进行处理,速度得到大幅度提高。例如:

　　如果 CPU 有 4 个以上的内核,下面的代码将采用 4 个内核分别运行 Test(0)、Test(1)、Test(2)、Test(3)。

```
int main( int argc, char * argv[])
{
    #pragma omp parallel sections   //启动 section 的并行处理
    {
        #pragma omp section//启动线程
        {
            Test(0);
        }
        #pragma omp section//启动线程
        {
            Test(1);
        }
        #pragma omp section//启动线程
        {
            Test(2);
        }
        #pragma omp section//启动线程
        {
            Test(3);
        }
    }
}
```

如果 CPU 有 n 个内核,下面的代码将 m 次循环基本平均分配给 n 个内核分别运行。

```
♯pragma omp parallel for          //启动 for 循环的并行处理
{
    for(int i = 0; i < m; + + i)
    {
        Test(i);
    }
}
```

有限元程序中主要耗时的计算一般都在循环中,将软件中的一些大循环进行并行处理后,速度大幅度提高。如

```
♯pragma omp parallel
{
    ♯pragma omp for
    for(i = 0; i<nEleNum; i + + )
    {
        形成单元等效刚度阵;
        形成单元荷载向量;
        ♯pragma omp critical
        {
            组装方程左端项和右端项;
        }
    }
}
```

其中,"♯pragma omp parallel"指令告知编译器这一程序块应被多线程并行执行。"♯pragma omp for"工作共享指令告诉 OpenMP 将紧随的 for 循环的迭代工作分给线程组并行处理,这样循环将被所有 CPU 内核参与并行完成。"♯pragma omp critical"表示在一个并行区域里,限制只有一条线程能够访问一段代码,这样可以避免同时有多个线程修改同一块内存而导致冲突错误。

图 4.6 为软件的串行版本在有 4 个 CPU 内核的计算机上运行的情况。可以看出一次只有一个 CPU 内核参与计算,即 CPU 的使用率为 25% 左右。图 4.7 为并行化的软件在同样计算机上的运行情况。可以看出,4 个 CPU 内核都在运行,CPU 的使用率为 100%,当运行到部分不能并行的代码时,则只有一个 CPU 内核在运行,但这部分代码运行时间比较短。可见,并行后的效

率显著提高。

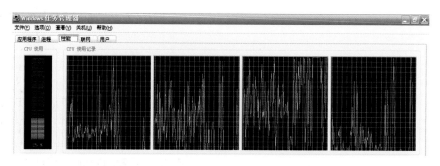

图 4.6　串行版本软件的 CPU 使用情况

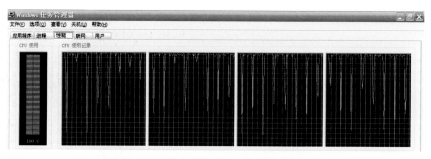

图 4.7　并行版本软件的 CPU 使用情况

4.2.5　命令行式的数据输入

目前,大多数岩土工程有限元分析程序采用了格式化的数据组织方式,即数据按照一定的格式直接排列在一个文本文件中,缺少相应的标注和说明,可读性差,且格式出错时不易察觉,增加了分析的难度。GEODYNA 中设计了命令行式的数据输入,从根本上解决了这个问题。以下采用一个固结分析的例子来说明一下命令行输入。

```
dimension = 2                          //分析问题的维数
plane = 0                              //平面应变
dynamic = 1                            //固结问题
symmetry = 1                           //方程组为对称
integration_time_step = 302400.0       //积分时间步
integration_begin_time = 0.0           //积分初始时间
integration_step_number = 300          //积分步数

node                                   //定义结点
```

```
1   10.000   0.0000   0.0000   1   1   1   0   0   0   0   0
```
//结点号　x 坐标　y 坐标　z 坐标　x 约束　y 约束　z 约束　孔压约束　三个转动约束

end node	//结点定义结束
stress model = 1	//线弹性模型
code = 1	//应力模型材料号
Rho_s = 2000.0	//固体骨架密度
Rho_f = 1000.0	//液体密度
Ks = 1.0e15	//固体骨架体积模量
Kf = 1.0e9	//液体体积模量
Porosity = 0.3	//孔隙率
e = 3.0e6	//土体弹性模量
mu = 0.301	//土体泊松比
end stress model	//应力模型定义结束
diffusion model = 1	//达西渗流模型
code = 1	//渗流模型号
Rho_f = 1000.0	//液体密度
kx = 1.0e-8	//x 方向渗透系数
ky = 1.0e-8	//y 方向渗透系数
kz = 1.0e-8	//z 方向渗透系数
end diffusion model	//渗流模型定义结束
element	//定义单元

```
1   2   0   1   1   0   1   2   3   4
```
//结点号　单元类型　单元填筑层号　应力模型号　渗流模型号　地震孔压模型号　连接单元的节点

end element	//单元定义结束
load = 3	//荷载类型为随时间变化的结点荷载
code = 1	//荷载号
name = nodeload	
dof = 1	//荷载施加的自由度
Object = 2	
15 16	//荷载施加的结点编号
load curve = 1	//荷载随时间变化曲线号(需要单独定义,这里省略)

```
end load                            //定义荷载结束
end file                            //文件结束
```

可以看出,采用的命令行输入方式比较直观,通俗易懂,降低了使用的难度,提高了分析的效率。

4.3　有限元类库

4.3.1　单元类型库

表 4.1 汇总了 GEODYNA 现有的主要单元类型。

表 4.1　主要单元类型汇总表

单元类	单元类型	维数及说明	单元形体特征及包含的节点数
结构单元类	质量单元	二维	单个结点
		三维	
	梁单元	二维	2 个结点
		三维	3 个结点
	杆单元	二维	2 个结点
		三维	
	弹簧单元	二维	
		三维	
连续介质块体单元类	固体介质单元	二维固体线性单元	平面 4 结点三角形、四边形单元
		二维固体二次单元	平面 6 结点三角形单元、8 结点四边形单元
		三维固体线性单元	8 结点六面体单元
		三维固体二次单元	10 结点四面体单元、15 结点三棱柱单元、20 结点六面体单元
	流体介质单元	二维流体线性单元	平面 4 结点三角形、四边形单元
	耦合单元	二维耦合线性单元	平面 4 结点四边形单元
		二维耦合二次单元	平面 6 结点三角形单元、平面 8 结点四边形单元
		三维耦合线性单元	8 结点六面体单元
		三维耦合二次单元	10 结点四面体单元、15 结点三棱柱单元、20 结点六面体单元

续表

单元类	单元类型	维数及说明	单元形体特征及包含的节点数
非连续界面单元类	一般界面单元	二维无厚度线性单元	平面 4 结点四边形单元
		二维无厚度二次单元	平面 6 结点四边形单元
		三维无厚度线性单元	8 结点六面体单元
		三维无厚度二次单元	12 结点三棱柱单元、16 结点六面体单元
	耦合界面单元	二维耦合无厚度线性单元	平面 4 结点四边形单元
		三维耦合无厚度线性单元	8 结点六面体单元

以下简单介绍 GEODYNA 中的几种典型单元。

1. 质量单元

质量单元即结构点单元,如图 4.8 所示,其自由度包括沿坐标轴方向的平动和绕坐标轴的转动,单元在每个坐标方向都赋予质量和转动惯量两个参数。该单元可作为附加质量来模拟地震中水对构筑物的动水压力作用,也能模拟质量可凝聚的结构构件。

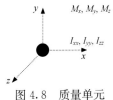

图 4.8　质量单元

2. 梁单元

该单元是一种可承受拉、压、弯、扭的单轴应力单元,如图 4.9 所示(图示

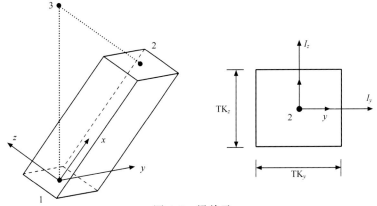

图 4.9　梁单元

坐标为局部坐标),每一结点上的自由度包括沿坐标轴方向的平动和绕坐标轴的转动。单元定义需要的参数包括:截面面积、轴惯性矩、扭转惯性矩、剪切变形常数及材料属性。

3. 连续介质块体单元

此类单元用于建立二维或三维实体结构模型。二维连续介质块体线性单元和二次单元分别见图 4.10 和图 4.11。三维连续介质块体线性单元和二次单元分别见图 4.12 和图 4.13。此类单元可用于固体、流体及流-固耦合相关问题的分析。当采用有限元数值分析方法对土石坝等土工构筑物进行研究时,可通过此类单元对土石和混凝土材料区域进行网格划分。

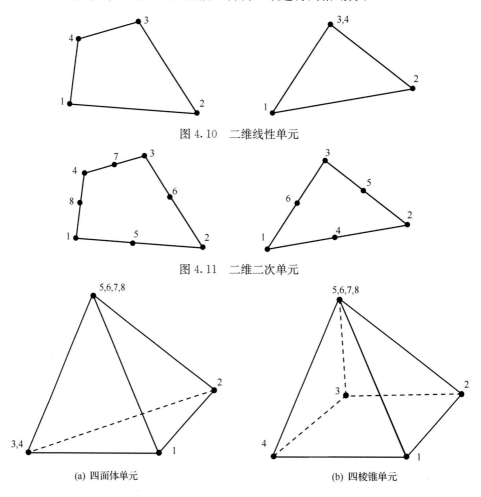

图 4.10　二维线性单元

图 4.11　二维二次单元

(a) 四面体单元　　　　　　　　　(b) 四棱锥单元

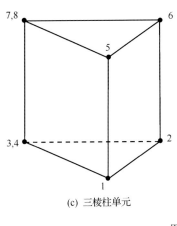

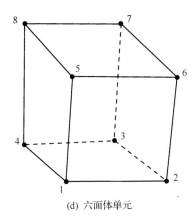

(c) 三棱柱单元　　　　　　　　　　　　(d) 六面体单元

图 4.12　三维线性单元

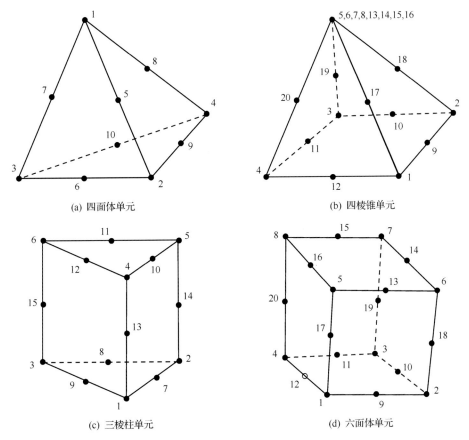

(a) 四面体单元　　　　　　　　　　　　(b) 四棱锥单元

(c) 三棱柱单元　　　　　　　　　　　　(d) 六面体单元

图 4.13　三维二次单元

4. 界面单元

界面单元的二、三维模型如图 4.14～图 4.17 所示。此类单元可用于模拟不同材料之间的接触问题（滑移、张开、闭合）。具体到土石坝等土工构筑物，此类单元可用于模拟坝体面板与垫层之间的接触、面板之间的垂直缝、面板与趾板之间的周边缝、坝体心墙与反滤料之间的接触、防渗墙与坝基料之间的泥皮等。

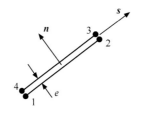
图 4.14　二维界面线性单元

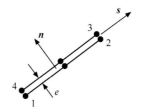
图 4.15　二维界面二次单元

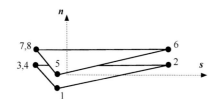

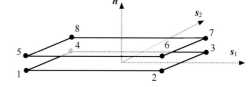

图 4.16　三维界面线性单元

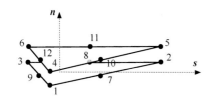

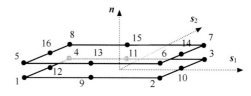

图 4.17　三维界面二次单元

4.3.2　荷载类型库

表 4.2 汇总了 GEODYNA 目前实现的荷载类型。

表 4.2   荷载类型汇总表

荷载类型	用途
单元恒荷载	模拟恒定体积力(如重力)
单元时间变化荷载	模拟随时间变化的体积力(如惯性力)
结点恒荷载	模拟恒定的集中荷载
结点时间变化荷载	模拟随时间变化的集中荷载
面力荷载	模拟分布荷载
水压力荷载	根据水位自动计算随深度变化的水压力值
浮托力荷载	模拟结构浸于液体部分所受的浮托力作用
流-固耦合荷载	模拟流体对结构面的动态作用力(如动水压力)
应变势荷载	计算等价结点力,完成地震永久变形、湿化和蠕变等方面的计算
渗流荷载	模拟渗流力
地震加速度荷载	模拟地震动输入
支座位移荷载	模拟支座约束空间位置变化

4.3.3   本构模型库

表 4.3 汇总了 GEODYNA 现有的应力-应变关系模型、渗流模型和孔压模型。

表 4.3   模型汇总表

模型类	模型特征	模型名称
应力-应变模型类	线性弹性模型	线弹性模型
	非线性弹性模型	邓肯-张 E-B 模型
		邓肯-张 E-ν 模型
		分段线性接触面模型
		双曲线接触面模型
	等效线性黏弹性模型	Hardin 模型
		沈珠江修改的 Hardin 模型
	弹塑性模型	沈珠江南水模型
		广义塑性模型
		改进的广义塑性模型
		临界状态广义塑性模型
		理想弹塑性模型
		理想弹塑性接触面模型
渗流模型类	渗流模型	各向同性渗流模型
孔压模型类	地震孔压模型	Seed 应力孔压模型

4.4　软件的前后处理模块

GEODYNA 的前处理模块 GEOPRE 和后处理模块 POST 开发均基于 Windows 平台、C++语言、Visual Studio 和 MFC 环境、OpenGL 三维可视化技术，具有良好的人机交互功能，便于进一步升级、拓展和维护。

4.4.1　前处理模块

前处理模块 GEOPRE 具有的主要功能包括：

（1）有限元网格导入及显示；

（2）单元类型、材料本构模型及相关参数、荷载、边界条件设置；

（3）计算控制设置（分析问题类型、模型维数、求解器类型、输入输出设置等）；

（4）命令流读取和计算文件输出。

图 4.18～图 4.21 给出了前处理模块的操作界面和主要功能。

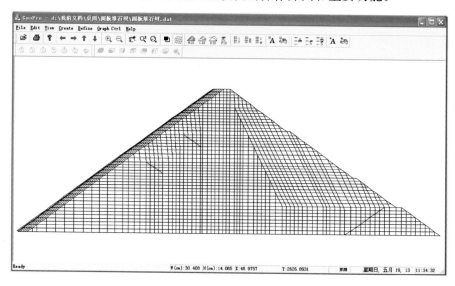

图 4.18　有限元网格导入及显示

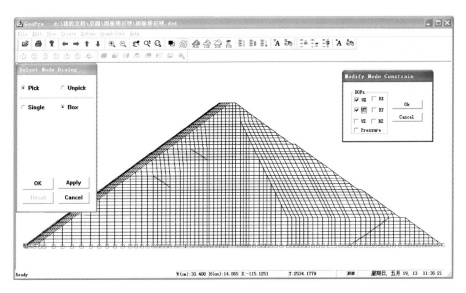

图 4.19　边界位移条件设置

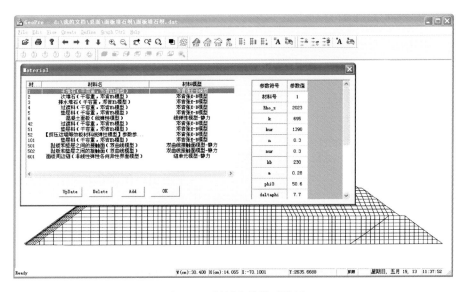

图 4.20　材料本构模型设置

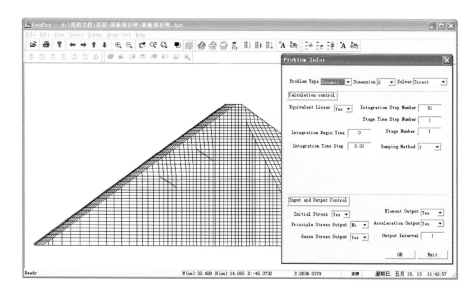

图 4.21　计算控制部分设置

4.4.2　后处理模块

目前后处理模块 POST 具有的主要功能包括：

（1）输出等值线图、云图、变形图、单元颜色填充图、单元应力值标注图、单元和结点物理量矢量图等；

（2）可设置标注字体与图形的颜色，并具有多种标注形式；

（3）具有矢量图空间消隐和任意切片功能；

（4）可进行平移、旋转、放大和缩小等操作；

（5）可以输出 DXF 和 WMF 格式的文件，也可通过内存拷贝方式嵌入到 Word 等文档处理软件，保证图形显示具有较好的效果；

（6）可自动提取最大值，可任意提取部分单元和节点的计算结果，并设置良好的接口，便于有限元网格数据的交换。

图 4.22～图 4.24 描述了后处理模块的操作界面和部分主要功能。

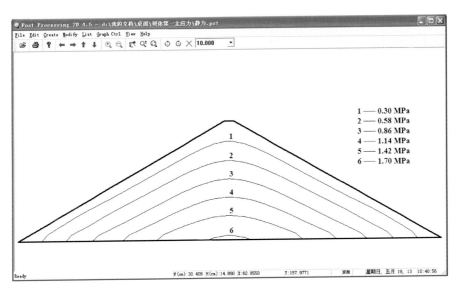

图 4.22　坝体第一主应力等值线绘制与标注

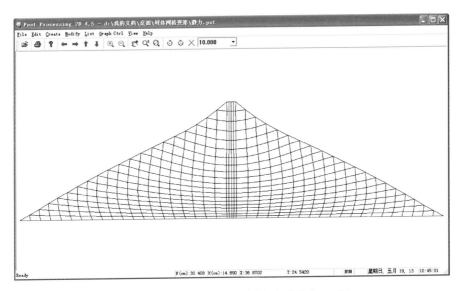

图 4.23　坝体变形后网格绘制(变形放大 50 倍)

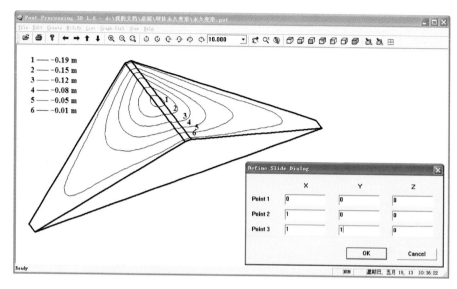

图 4.24 三维后处理操作界面(空间消隐、等值线绘制及截取任意断面功能)

4.5 软件计算功能

GEODYNA 统一了土石坝等土工构筑物中填筑、开挖、蠕变、湿化、地震永久变形、固结、稳定、瞬态等静、动力分析过程以及有效应力和总应力的分析方法。其主要计算功能包括以下几个方面。

1. 静力分析

可实现静力分析,主要包括静力变形分析、堤坝填筑分析、隧道或地基开挖和支护分析以及承载力分析等。

2. 固结分析

可实现饱和土的固结分析,可以求解孔压、沉降随时间的变化过程,用于地基加固和处理分析研究。

3. 动力分析

可以采用总应力和有效应力法研究冲击荷载、周期荷载、机器振动荷载、地震等随机荷载作用下土石坝等土工构筑物的动力反应。

在地震动输入方面,可以采用施加惯性力的方法,也可为考虑行波效用和地基辐射阻尼作用,采用人工边界及等效结点荷载输入的方法,反映不同的波动类型及入射角度的影响,体现结构与地基的动力相互作用。图 4.25 和图 4.26 分别给出了 SV 波以 30°角入射时不同时刻的心墙坝和坝基的水平位移云图。

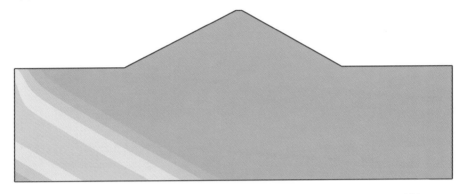

图 4.25　SV 波以 30°角入射时心墙坝和坝基的水平位移云图($t=0.1$s 时刻)

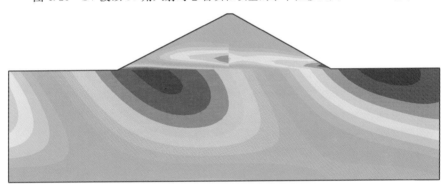

图 4.26　SV 波以 30°角入射时心墙坝和坝基的水平位移云图($t=0.3$s 时刻)

4. 稳定分析

GEODYNA 系列软件平台还包括:极限平衡法边坡可视化稳定分析功能模块(Geostable)和有限元动力稳定分析功能模块(FemStable)。

1)极限平衡法边坡可视化稳定分析功能

可采用瑞典法和简化 Bishop 法进行静力和拟静力稳定分析。可进行可视化的图形交互模型创建、滑动圆心和滑入滑出点范围设置、材料线性强度和非线性强度参数设置、分析方法设置、地震惯性力设置、加速度分布系数设置以及加筋模拟设置,计算过程中可实时动画显示滑弧位置及对应的安全系数。

该分析功能模块的运行及操作界面如图 4.27～图 4.30 所示。计算的安全系数对应的滑弧位置见图 4.31。

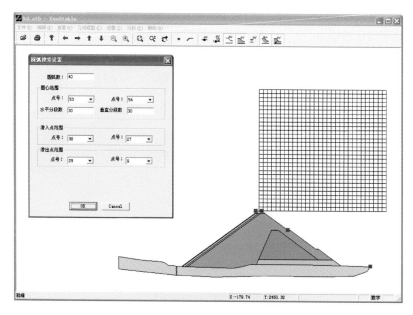

图 4.27　滑动圆心范围设置

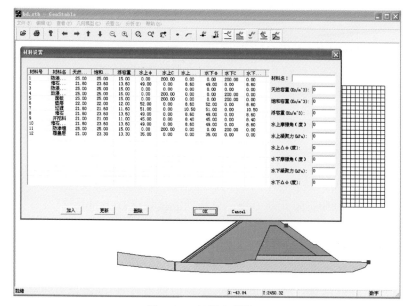

图 4.28　材料参数设置

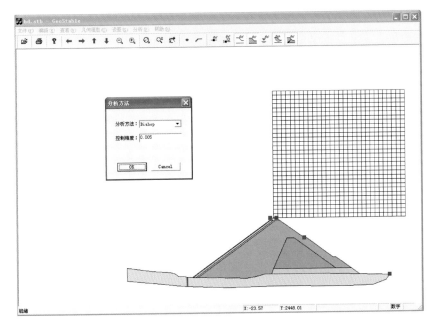

图 4.29　分析方法设置

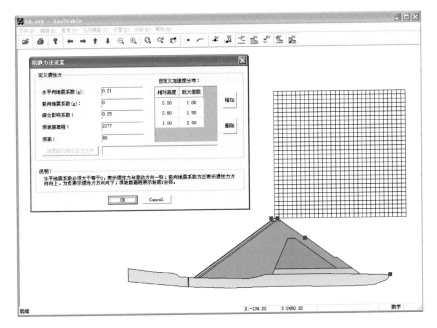

图 4.30　地震惯性力设置

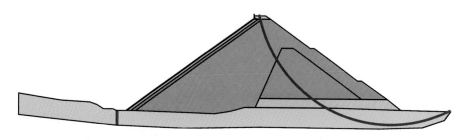

图 4.31　安全系数及对应的滑弧位置

2）有限元动力稳定及滑移变形的分析功能

考虑土石坝等土工构筑物中材料的非线性、边坡加筋等加固措施的作用，开发了基于任意圆弧搜索的有限元动力稳定和滑移量分析功能。运用边坡的静应力和每一瞬时的动应力分析稳定性和滑移量，可计算每一时刻土坡的最小安全系数和对应滑弧位置，并可同时计算土坡的累计滑移量。图 4.32～图 4.35 分别给出了该分析功能模块的运行界面、坝坡安全系数时程、最危险滑裂面的位置及滑动量。

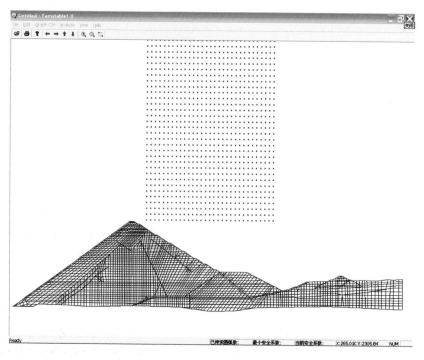

图 4.32　有限元动力稳定分析功能模块 FemStable 运行界面

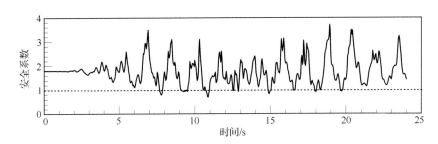

图 4.33　坝体下游坝坡安全系数时程

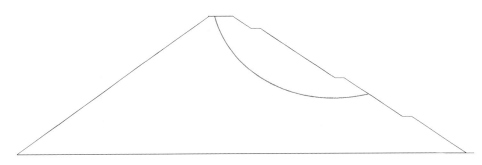

图 4.34　坝体下游坝坡最危险滑裂面(浅层滑动)局部放大图

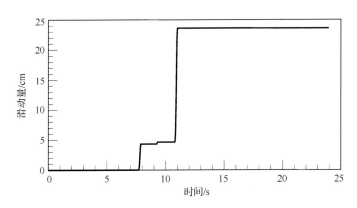

图 4.35　坝体下游坡最危险滑裂面的累计滑动量

5. 其他分析

其他分析功能包括：强度折减有限元稳定分析、液化流动分析、堤坝流变和湿化分析、流-固耦合分析、天然气水合分解分析等。

4.6　软件可靠性验证

本节采用 GEODYNA 对一些经典问题进行分析，并与理论解或商用软件分析结果进行对比，验证 GEODYNA 计算功能及结果的可靠性。

4.6.1　静力问题

1. 填筑问题

土工构筑物的填筑问题是模拟分级的施工过程，普遍采用逐级加载的方法进行模拟。GEODYNA 可通过有限元方法，按照实际施工情况，在计算时划分若干填筑级，依次激活各填筑级的单元和荷载，以实现分级填筑施工过程的模拟。

均质坝填筑算例模型如图 4.36(a)所示，图中虚线为填筑土层分界面。填筑施工分 8 级，每级填土厚度为 2m。计算中土体取线弹性模型，其弹性模量 $E=50\text{MPa}$，泊松比 $\nu=0.3$，密度 $\rho=2000\text{kg/m}^3$。有限元模型计算网格见图 4.36(b)，图中粗线上的结点为观测点。图 4.37 分别给出了 GEODYNA 和国际著名商用软件 GEOStudio 计算得到的观测点竖向位移，两者结果一致。

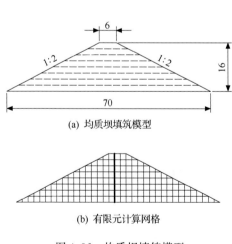

(a) 均质坝填筑模型

(b) 有限元计算网格

图 4.36　均质坝填筑模型

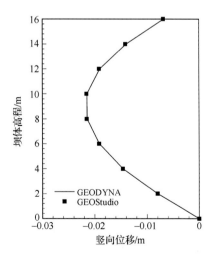

图 4.37　坝体竖向位移

2. 开挖问题

土工构筑物的开挖问题主要是指基坑、隧道的开挖,其施工过程通常较为复杂。GEODYNA 中可以采用杀死单元的方法模拟开挖问题。以下采用隧道开挖算例来验证 GEODYNA 在求解此类问题方面的可靠性,模型及尺寸如图 4.38(a)所示,隧道直径 8.0m。因模型对称,故选取一侧进行有限元建模,计算网格如图 4.38(b)所示,模型侧边界法向位移约束,底边界两向平动位移均约束。计算中不考虑衬砌,土体采用线弹性模型。图 4.39 给出了GEODYNA 和国际大型商用软件 ABAQUS 计算的土层表面点水平位移和竖向位移(费康和张建伟,2010),两者结果吻合得很好。

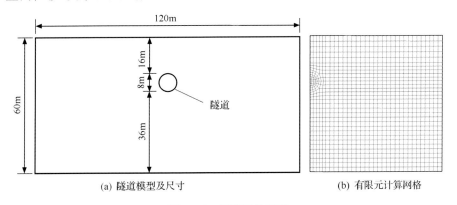

(a) 隧道模型及尺寸　　　　　　(b) 有限元计算网格

图 4.38　隧道开挖模型

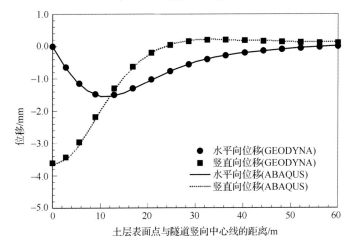

图 4.39　土层表面点的水平位移和竖向位移

3. 被动土压力问题

图 4.40 所示为被动土压力有限元计算模型(采用 8 结点四边形单元),假设左侧有一光滑的刚性墙(如图中的阴影所示),沿 x 方向发生水平向位移 $u(x)$。Rankine 等给出了这个问题的理论解(30kN)(Smith and Griffiths,2003)。

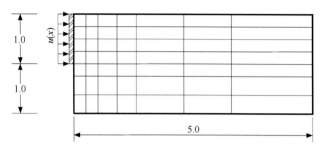

图 4.40　被动土压力有限元计算模型

计算材料参数分别为:固体骨架密度 $\rho=2000\text{kg/m}^3$,内摩擦角 $\varphi=30°$,黏聚力 $c=0.67$。每个有限元计算步水平向位移 $u(x)$ 控制在 $2\times10^{-5}\text{m}$ 以内。

采用理想弹塑性模型进行被动土压力的数值模拟,图 4.41 给出了 GEODYNA 程序计算结果以及 Rankine 被动土压力理论解结果。可以看出,GEODYNA 有限元的计算结果与 Rankine 理论解吻合得非常好。

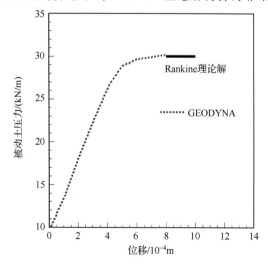

图 4.41　被动土压力与位移的关系

4. 边坡稳定问题

采用有限元强度折减法,对一均质边坡进行了稳定分析,坡比为 1 : 2。图 4.42 为计算的边坡模型的尺寸示意图,采用的计算模型网格见图 4.43。土层参数 $\rho = 1.98 \text{g/cm}^3$, $\varphi = 39.4°$。

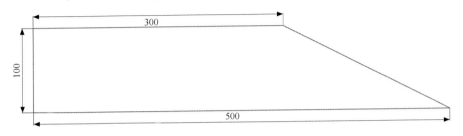

图 4.42　计算模型示意图(单位: m)

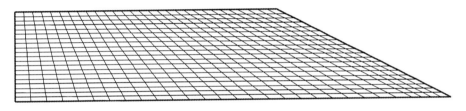

图 4.43　计算模型网格

计算时设定每步不平衡力小于 1‰ 为收敛标准,当迭代 500 步时,不平衡力仍大于 1‰,认为该步计算不收敛,结构发生破坏。图 4.44 给出了计算时

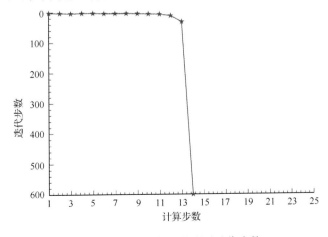

图 4.44　每步计算收敛所需迭代步数

每步计算收敛的迭代步数与计算步数的关系。从图中可以看出计算到第 14 步时,收敛步数从 32 次增加到 151 次,第 15 步不再收敛,此时强度折减系数为 1.62。采用 Bishop 法计算边坡安全系数为 1.64,这表明 GEODYNA 可以用于计算边坡的稳定分析。

4.6.2　固结问题

饱和土固结问题描述的是土体逐渐被压缩,部分水量从土体中渗出,土中超孔隙水压力逐渐转化成土粒间的有效应力,变形趋于稳定的过程。GEODYNA 可分析饱和土在整个固结过程的沉降和孔隙水压力的变化历程。以下通过具体的算例来验证 GEODYNA 在求解饱和土固结问题方面的可靠性。

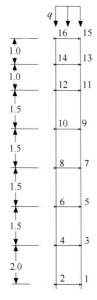

图 4.45　典型一维固结问题有限元网格

采用图 4.45 所示的典型一维固结问题(龚晓南, 2000),土体取为线弹性体,其弹性模量 $E=3\mathrm{MPa}$,泊松比 $\nu=0.301$,渗透系数 $k_x=k_y=10^{-6}\,\mathrm{cm/s}$,土柱高度 10m,表面均布荷载 $q=100\mathrm{kPa}$。土层顶面透水,底面和侧面不透水。

有限元网格共分为 7 个单元,均为多孔两相介质单元,结点总数为 16 个。边界条件:侧向 x 向固定,y 向自由,不透水;底面 x 和 y 向均固定,不透水;土层顶面透水。

加载过程见表 4.4,时间步长取 3.4 天,将计算的孔压和沉降与理论解进行了比较,分别见图 4.46、图 4.47、表 4.5 和表 4.6。可以看出,GEODYNA 的计算结果和理论解一致。

表 4.4　加载过程

累计时间/天	总荷载累计/kPa	累计时间/天	总荷载累计/kPa
3.4	5.0	42.0	60.0
7.0	10.0	49.0	70.0
10.5	15.0	56.0	80.0
14.0	20.0	63.0	90.0
21.0	30.0	66.5	95.0
28.0	40.0	70.0	100.0
35.0	50.0	294	100.0

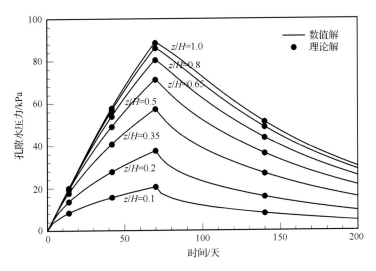

图 4.46　孔隙水压力数值解与理论解比较

z 为土层深度；H 为土层总高度或土柱高度；z/H 为相对深度

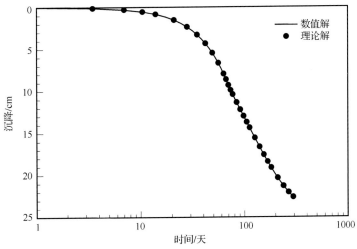

图 4.47　沉降数值解与理论解比较

表 4.5　孔隙水压力数值解与理论解比较

结点	z/H	孔隙水压力/kPa							
		$t=14$ 天		$t=42$ 天		$t=70$ 天		$t=140$ 天	
		数值解	理论解	数值解	理论解	数值解	理论解	数值解	理论解
13	0.10	8.3	8.3	15.6	15.6	20.6	20.6	8.1	8.0
11	0.20	13.5	13.4	27.8	27.7	37.6	37.6	15.9	15.9
9	0.35	17.8	17.6	40.9	40.7	57.4	57.3	26.9	26.8
7	0.50	19.4	19.3	49.2	49.0	71.5	71.2	36.3	36.3
5	0.65	19.9	19.8	54.2	53.9	80.9	80.5	43.8	43.6
3	0.80	20.0	20.0	56.8	56.6	86.5	86.1	48.8	48.8
1	1.00	20.0	20.0	58.0	57.7	89.1	88.6	51.3	51.3

表 4.6　沉降数值解与理论解比较

时间/天	沉降/cm		时间/天	沉降/cm	
	数值解	理论解		数值解	理论解
3.4	0.107	0.104	84.0	11.382	11.352
7.0	0.303	0.294	91.0	12.229	12.203
10.5	0.551	0.540	98.0	13.004	12.978
14.0	0.845	0.831	105.0	13.621	13.594
21.0	1.544	1.526	112.0	14.389	14.361
28.0	2.370	2.350	126.0	15.599	15.568
35.0	3.307	3.284	140.0	16.662	16.630
42.0	4.342	4.316	154.0	17.600	17.566
49.0	5.467	5.439	168.0	18.429	18.394
56.0	6.674	6.644	182.0	19.160	19.125
63.0	7.959	7.926	210.0	20.377	20.342
66.5	8.628	8.595	238.0	21.326	21.293
70.0	9.315	9.280	266.0	22.066	22.036
73.4	9.912	9.876	294.0	22.643	22.617
77.0	10.436	10.405	—	—	—

4.6.3　动力问题

土工构筑物的动力反应问题主要考虑其在地震或振动等荷载作用下的加

速度、动位移和动应力等。以下通过具体算例来验证 GEODYNA 在求解此
类问题的可靠性。

1. 成层介质一维波动问题

成层介质一维波动问题的计算模型如图 4.48 所示,半无限地基上覆盖有
18m 厚砂土层,在距地表 33m 深处入射的水平位移时程如图 4.49 所示。两

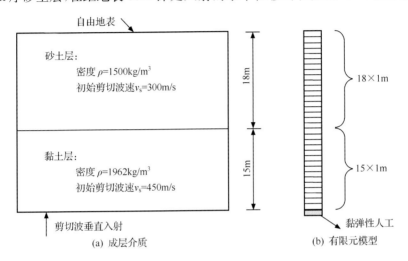

图 4.48　成层介质一维波动模型

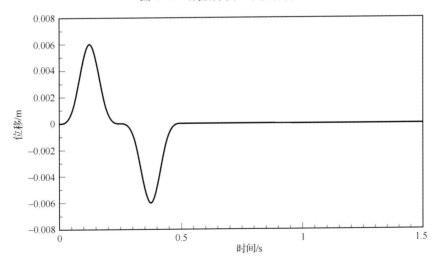

图 4.49　入射波位移时程

种土层材料的模量、阻尼与剪应变的关系曲线参考 *User's Manual for Shake91*(Idriss and Sun,1992)。

图 4.50 给出了 GEODYNA 计算的自由地表位移时程和 SHAKE91 的计算结果(王振宇和刘晶波,2004),两者吻合得很好。

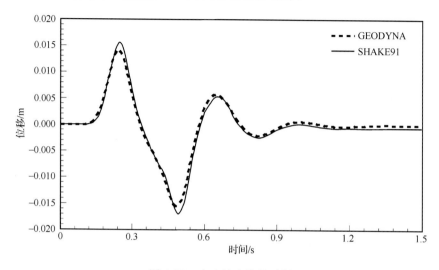

图 4.50　自由地表位移时程

2. 半圆形山谷散射问题

采用 SV 波和 P 波分别入射二维半圆形山谷散射问题算例,问题示意图和有限元模型分别见图 4.51 和图 4.52,其中,θ 为入射角度,山谷半径 $r_0=210$m,模型尺寸 $x_b=y_b/2=525$m,模型边界采用黏弹性人工边界单元,远离山谷处的单元尺寸 $\Delta x=\Delta y=17.5$m;介质剪切模量 $G=5.292\times10^9$Pa,泊松比 $\nu=1/3$,密度 $\rho=2700$kg/m^3;入射波的位移幅值为 1m。定义无量纲频率:$\eta=2r_0/\lambda=\omega r_0/\pi c_s$。式中,$\lambda$ 为入射谐波的波长;ω 为谐波圆频率;c_s 为剪切波波速。

图 4.53~图 4.56 给出波动垂直入射和斜入射时地表位移反应的数值计算结果和近似解析解(Wong,1982),两者吻合较好。图中横坐标为空间相对位置,纵坐标为地表节点稳态振动时的位移幅值。结果表明了 GEODYNA 在实现黏弹性人工边界模型和地震动输入方法方面的正确性。

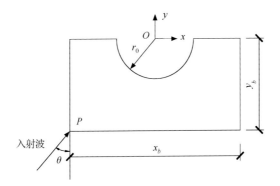

图 4.51　波动入射半圆形山谷示意图

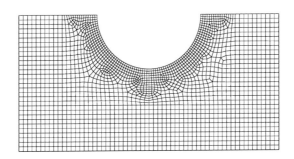

图 4.52　半圆形山谷的有限元模型

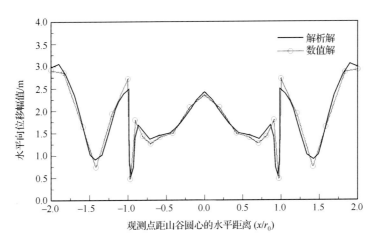

图 4.53　SV 波垂直入射时山谷地表水平位移幅值($\eta = 2.0$)

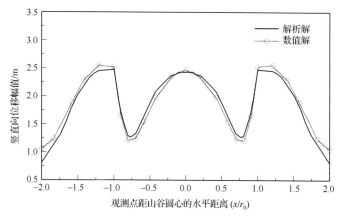

图 4.54　P 波垂直入射时山谷地表竖向位移幅值($\eta=1.0$)

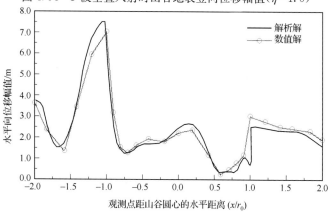

图 4.55　SV 波 30°角入射时山谷地表水平位移幅值($\eta=1.5$)

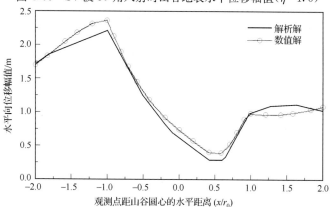

图 4.56　P 波 60°角入射时山谷地表水平位移幅值($\eta=0.5$)

3. 饱和土动力问题

图 4.57(a)为半无限空间饱和土柱,其孔隙流体假定不可压缩,在地面施加均匀动力荷载 $f(t)$,上表面可自由排水,de Boer 等(1993)给出了这个问题的理论解。

为了采用有限元法模拟半无限土柱,取土柱高度为 100m。这样,在短时间内刚性边界的反射不会影响求解,使用的有限元网格见图 4.57(b),单元共计 100 个,均为多孔两相介质单元,考虑的荷载为:$f(t)=3.0[1-\cos(\omega t)]$,单位 kPa,其中,$\omega=75\mathrm{s}^{-1}$。

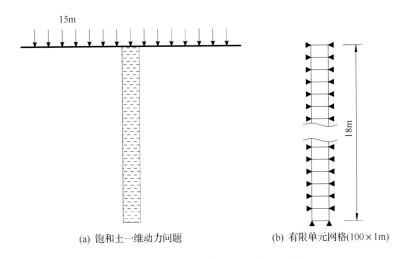

(a) 饱和土一维动力问题　　　　　(b) 有限单元网格(100×1m)

图 4.57　动力荷载作用下的饱和土柱

计算材料参数:固体骨架密度 $\rho=2000\mathrm{kg/m^3}$,流体密度 $\rho=1000\mathrm{kg/m^3}$,孔隙率 $n=0.67$,流体体积模量 $K_w=1.0\times10^{10}\mathrm{kPa}$,渗透系数 $k=0.01\mathrm{m/s}$,拉梅常数 $\lambda=5583\mathrm{kPa}$,$\mu=5583\mathrm{kPa}$。注意到 K_w 是非常大的,近似模拟流体不可压缩,以便与理论解进行比较。

这里分别比较了 1m 和 6m 深度的孔隙水压力计算结果,从图 4.58 可以看出,有限元的计算结果和理论解吻合得比较好。

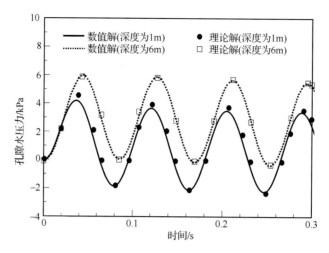

图 4.58　数值解与理论解的比较

4. 坝体地震反应问题

这里分别采用时域分析和频域分析对某 300m 级心墙坝进行了有限元地震反应计算。图 4.59 给出了大坝断面有限元计算网格。坝体材料的计算本构模型采用等效线性黏弹性模型,动力特性模型参数见表 4.7,各分区坝料的归一化动剪切模量、阻尼比与动剪应变的关系见表 4.8。输入的水平向和竖向地震波时程分别见图 4.60 和图 4.61,水平向峰值加速度为 2.05m/s²,竖向峰值加速度取为水平向的 2/3。时域分析采用 GEODYNA,频域分析采用了日本地基软件工厂株式会社开发的频域分析商用程序 ADVANF(安達健司,2004)。

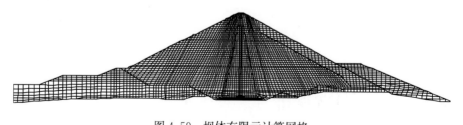

图 4.59　坝体有限元计算网格

表 4.7   动力特性模型参数

坝料	K	n
主堆石料	4665	0.420
过渡料	4722	0.423
坝基砂砾料	4718	0.439
反滤料	1117	0.578
心墙掺砾土	1609	0.525

注：K 为动剪切模量系数；n 为动剪切模量指数。

表 4.8   归一化的动剪切模量 G_d/G_{max}、阻尼比 λ 与动剪应变幅 γ_d 的关系

$\gamma_d/\%$	主堆石料		过渡料		坝基砂砾料		反滤料		心墙掺砾土	
	G_d/G_{max}	$\lambda/\%$	G_d/G_{max}	$\lambda/\%$	G_d/G_{max}	$\lambda/\%$	G_d/G_{max}	$\lambda/\%$	G_d/G_{max}	$\lambda/\%$
0.0002	100.00	2.09	99.64	1.88	100.00	1.86	99.85	1.34	99.79	2.99
0.0006	99.69	2.17	99.49	1.98	99.08	1.92	99.23	1.36	98.95	3.04
0.0010	98.66	2.24	98.53	2.08	96.61	1.89	98.62	1.39	98.12	3.09
0.0020	93.05	2.38	93.96	2.33	89.73	1.99	97.14	1.45	96.12	3.21
0.0060	72.76	3.03	81.60	2.93	73.27	2.51	91.62	1.69	88.87	3.71
0.0100	61.10	3.63	65.65	3.81	64.75	2.96	86.69	1.93	82.64	4.20
0.0200	46.00	4.51	50.30	5.00	51.03	3.88	76.43	2.58	70.34	5.37
0.0600	32.34	7.71	33.15	7.26	34.33	6.87	51.89	5.11	44.15	9.06
0.1000	28.22	8.74	27.42	8.94	28.90	8.56	39.29	7.26	32.19	11.51
0.2000	23.30	11.17	22.16	11.52	19.26	12.48	24.45	10.97	19.19	14.95
0.3000	20.72	13.42	18.77	13.06	18.55	16.41	17.75	13.21	13.67	16.71

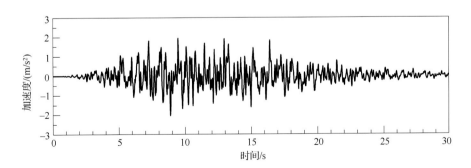

图 4.60   水平向地震加速度时程

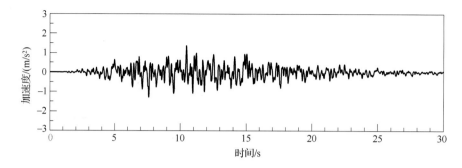

图 4.61　竖向地震加速度时程

图 4.62 给出了两个软件计算的沿坝轴线不同坝高处的水平向加速度反应。可以看出,对于有着复杂材料分区的 300m 级高土石坝,两软件计算得到的坝顶加速度相差在 10％范围内,加速度沿高度的分布规律基本一致。

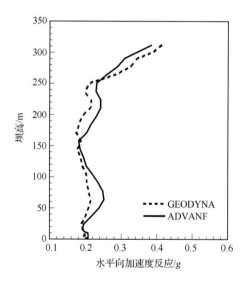

图 4.62　坝轴线最大水平向加速度分布

以上多个算例验证了 GEODYNA 求解的可靠性,说明 GEODYNA 可以有效地模拟土石坝等土工构筑物施工期、运行期和地震期的复杂受力全过程,为紫坪铺面板堆石坝的震害分析和数值模拟提供了可靠的软件平台。

4.7 软件工程应用

GEODYNA 软件平台已经应用于国内外三十多个土石坝工程，其中主要的大型工程列于表 4.9 中。此外，还应用于广东阳江、广东台山、广东陆丰、福建宁德、福建福清、辽宁红沿河、辽宁徐大堡、广西防城港、浙江秦山、山东石岛湾、立陶宛等核电厂工程以及江苏南通 LNG 码头、珠海 LNG 码头、唐山 LNG 码头等重大水运工程的抗震分析。

表 4.9　应用的主要大型水利水电工程

项目名	坝型	坝高/m	设防地震加速度/g
吉林台	面板堆石坝	157	0.462
糯扎渡	心墙堆石坝	261.5	0.283
双江口	心墙堆石坝	314	0.205
两河口	心墙堆石坝	295	0.288
龙盘	心墙堆石坝	267	0.407
茨哈峡	面板堆石坝	253	0.266
滚哈布奇勒	面板堆石坝	160	0.43
长河坝	心墙堆石坝	240	0.4
猴子岩	面板堆石坝	219.5	0.297
拉哇	面板堆石坝	244	0.37
古水	面板堆石坝	242	0.286
阿尔塔什	面板堆石坝	160	0.4
漩坪	面板堆石坝	144	0.393
下板地	心墙堆石坝	80	0.3
泸定	心墙堆石坝	84	0.325
卡拉贝利	面板堆石坝	92.5	0.375
温泉	面板堆石坝	102	0.17
五一	沥青砼心墙坝	102.5	0.218
旁多	沥青砼心墙坝	80	0.42
凉风台	面板堆石坝	100	0.149

续表

项目名	坝型	坝高/m	设防地震加速度/g
吉勒布拉克	面板堆石坝	140	—
吉音	面板堆石坝	125	0.2
卡基娃	面板堆石坝	171	0.155
卜寺沟	面板堆石坝	130	0.124
密松(缅甸)	面板堆石坝 心墙堆石坝	139.5	0.33

参 考 文 献

费康,张建伟. 2010. ABAQUS 在岩土工程中的应用. 北京:中国水利水电出版社.

龚晓南. 2000. 土工计算机分析. 北京:中国建筑工业出版社.

李宝峰,富弘毅,李韬. 2007. 多核程序设计技术——通过软件多线程提升性能. 北京:电子工业出版社.

王振宇,刘晶波. 2004. 成层地基非线性波动问题人工边界与波动输入研究. 岩石力学与工程学报, 23(7):1169-1173.

邹德高. 2008. 地震时浅埋地下管线上浮机理及减灾对策研究. 大连:大连理工大学博士学位论文.

安達健司. 2004. 2 次元 FEM による動的応答解析 ADVANF/Win 解説書. 東京:地盤ソフト工房株式会社.

Biot M A. 1956. Theory of propagation of elastic waves in a fluid-saturated porous solid, I, low frequency rang. Journal of the Acoustical Society of America, 28(2):168-178.

Chan A H C. 1988. A unified finite element solution to static and dynamic geomechanics problem. Wales:University College of Swansea.

Chan A H C. 1990. User's manual for DIANA-SWANDYNE II. Report of Department of Civil Engineering. Scotland:Glasgow University.

de Boer R, Ehlers W, Liu Z. 1993. One-dimensional transient wave propagation in fluid-saturated impressible porous media. Archive of Applied Mechanics,(63):59-72.

Duncan J M, Wong K S, Ozawa Y. 1980. FEADAM:A computer program for finite element analysis of dams. Report No. UCB/GT/80-02. Berkeley:University of California.

Ghaboussi J, Wilson E L. 1972. Variational formulation of dynamics of fluid-saturated porous elastic solids. Journal of Engineering Mechanics Division, ASCE, 98:947-963.

Idriss I M. 1973. QUAD4:A computer program for evaluating the seismic response of soil structure by variable damping finite element procedures. Report No. UCB/EERC-73-16. Berkeley:University of California.

Idriss I M, Sun J I. 1992. SHAKE91:A computer program for conducting equivalent linear seismic response analysis of horizontally layered soil deposits user's guide. Berkeley:University of California.

Katona M G, Zienkiewicz O C. 1985. A unified set of single step algorithms part 3:The Beta-m method, a generalization of the Newmark scheme. International Journal for Numerical Methods in Engineering,(21):1345-1359.

Lysmer J,Udaka K,Tsai C F,et al. 1970. FLUSH—A computer program for approximate 3D analysis of soil-structures interaction problems. Berkeley:College of Engineering,University of California.

Rick W,Amir R. 2001. SAGE-CRISP Technical Reference Manual(for use with SAGE-CRISP version 4). UK:The CRISP Consortium Ltd.

Smith I M,Griffiths D V. 2003. Programming the Finite Element Method. Third Edition. Beijing:Publishing House of Electronics Industry.

Wong H L. 1982. Effects of surface topography on the diffraction of P, SV and Rayleigh waves. Bulletin of Seismological Society of America,72(4):1167-1183.

Zienkiewicz O C,Chang C T,Bettess P. 1980. Drained, undrained, consolidating and dynamic behaviour assumptions in soils; Limits of validity. Geotechnique,30:385-395.

Zienkiewicz O C,Leung K H,Hinton E,et al. 1982. Liquefaction and permanent deformation under dynamic conditions 2 numerical solution and constitutive relations//Panda G N,Zienkiewicz O C. Soil Mechanics-Transient and Cyclic Loads. London: John Wiley & Son:71-103.

Zienkiewicz O C,Shiomi T. 1984. Dynamic behaviour of saturated porous media:The generalised Biot formulation and its numerical solution. International Journal for Numerical and Analytical Methods in Geomechanics,(8):71-96.

第 5 章　紫坪铺面板堆石坝筑坝材料大型三轴试验及参数标定

5.1　大型三轴仪介绍

筑坝堆石料试验采用的是大连理工大学于 1995 年研制并投入使用的高精度静、动两用三轴仪。该套设备于 2008 年又进行了升级改造,自投入运行以来,已经进行了大量的实际工程筑坝材料的静、动力测试。这些实际工程主要包括满拉、瀑布沟、关门山、吉林台、公伯峡、库车、旁多、五一、吉音、阿尔塔什、米兰河、紫坪铺、卡基娃、两河口、泸定、吉勒布拉克等几十个。通过对这些实际工程筑坝材料的静、动力测试,深入研究工程堆石料的静力变形和强度特性、等效动剪切模量和等效阻尼比变化规律,为工程设计和静、动力分析提供了重要依据。

5.1.1　设备构成和性能指标

图 5.1 为大、中型三轴仪,图 5.2 为数据采集及控制程序界面。三轴仪由以下五大系统组成。

(a) 三轴仪照片

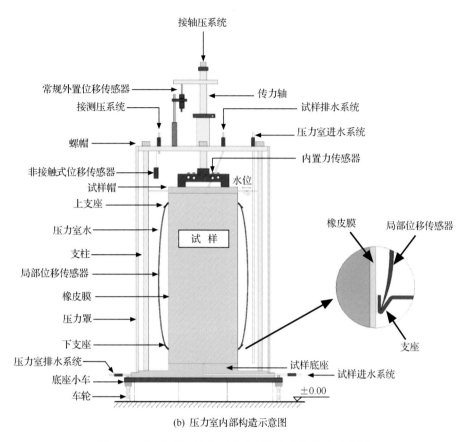

接轴压系统

常规外置位移传感器
接测压系统
螺帽
非接触式位移传感器
试样帽
上支座
压力室水
支柱
局部位移传感器
橡皮膜
压力罩
下支座
压力室排水系统
底座小车
车轮

传力轴
试样排水系统
压力室进水系统
内置力传感器
水位

试 样

±0.00

试样底座
试样进水系统

橡皮膜
局部位移传感器
支座

(b) 压力室内部构造示意图

图 5.1　大、中型三轴仪照片及压力室内部构造示意图

1. 液压伺服加载系统

液压伺服加载系统全套引进日本岛津制作所的先进技术,包括伺服作动器和液压源。作动器上配有伺服阀、外置力传感器和外置位移传感器。最大轴向荷载:压力 500kN/拉力 300kN,最大轴向位移:$-100\sim100$mm。

2. 模控与数控系统

1) 液压伺服控制系统

液压伺服控制系统部分引进了日本岛津制造所的 4825 型模控器和可编程的程控信号发生器,包括伺服放大器、信号发生器、计数器、数字显示器、两台放大器(用于作动器上的力和位移传感器)。

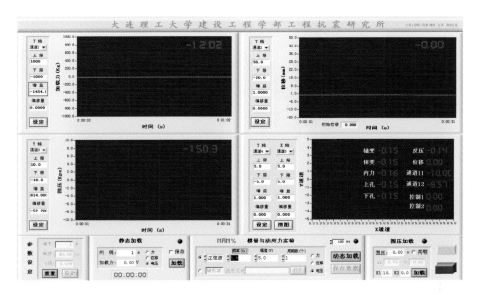

图 5.2　数据采集及控制程序界面

4825 型模控器的整体控制稳定度在[-1%,1%]。可采用应力控制和位移控制两种方式,应力控制可设置为五种档位,分别为 150%、100%、50%、20%、10%,各挡位控制精度在[-0.5%,0.5%];位移控制可设置为四种档位,分别为 100%、50%、20%、10%,各挡位控制精度在[-1%,1%]。提供四种载荷波形和一个外接口,静力直线波加载速率范围是 0.001~110F. S/s(full scale);动力荷载(正弦波、三角波和矩形波)频率范围在 0.001~110Hz,涵盖了地震荷载的频率范围,最大加载周期可至 999999。

4825 型模控器按照荷载设定值驱动液压伺服加载系统,同时接受伺服阀力传感器的反馈信号并及时调整,实现实测值与设定值的高度一致。其具有子控功能,在零载情况下,可上下移动作动器活塞,便于安置和移出试样。具有完备的保护功能,针对应力控制或位移控制可设定上下控制限值,在实测值接近设定限值时自动报警,达到限值时自动停机。另外还设置了紧急制动按钮,任何情况下都可以立即停机。

可编程的程控信号发生器提供了 48 个通道,可自由设定每个通道内荷载(或位移量)的方向、大小、施加速率、作用时间、周期等参数,48 个通道的荷载内容可以组合成复杂的加载序列。试验时,程控器设定的复杂加载序列输入模控器外接口。

2）数控系统

数控系统包括 16 位 D/A 板和数控软件 MS-1215。MS-1215 软件包括系统标定、应力控制和位移控制模块。静荷载的大小及加载速率、任意波形动荷载的幅值、频率以及作用时间等，均可由计算机按用户指定值发送到 4825 型模控器的外接口上，然后由模控器驱动液压伺服加载系统。

3. 三轴仪压力室系统

1）压力室

三轴仪压力室系统为自行设计，用于承装试样、装置各种传感器，并将荷载传至试样上。三轴仪尺寸：直径 550mm，高度 1200mm；试样尺寸：直径 300mm，高 600mm；最大围压 3MPa。

2）围压控制系统

等围压过程可由计算机根据设定进行等压固结的加载、卸载及再加载。剪切过程中围压可由计算机控制，根据轴向应力的大小进行反馈调整，可以进行复杂应力路径的三轴试验。

4. 量测、监视与管路系统

1）量测系统

试验量测的物理量主要有：轴向位移、轴向荷载、体变、上孔压和下孔压等。轴向变形量测设备有：作动器上的外置位移传感器、压力室外传力轴上的外置位移传感器及在试样上的一对局部位移计（local displacement transduser，LDT）。轴向荷载量测设备有：作动器上的外置力传感器、设置在压力室内上压盘上的内置力传感器。在饱和排水试验中，需要量测土样的体积变化，体积变化由压力传感器根据试样排入量筒内水的体积进行测定。在饱和不排水试验中，需要量测土样的孔压，根据试样顶部的上孔压和试样底部的下孔压的平均值确定孔压的大小。

2）监视系统

系统所有模拟量的信号均可在数字显示器和电脑上同步显示。设备的运行、试验的进程和试样的状态全都一目了然。

5. 数据采集、处理系统

开发了基于 C 语言编程技术的可视化实时监控与数据采集分析软件。此软件功能模块包括采样控制模块、围压控制模块、轴向力/位移控制模块及数据显示模块。

5.1.2　主要特色及其精度

1. 三轴仪压力室内增设局部位移计和内置力传感器

常规三轴仪的力、位移量测系统设置在三轴仪压力室的作动器上,因而无法排除传力轴和轴套(线轴承)之间的摩擦力以及土试样两端的端垫误差(bedding error)。作者研制开发的两台三轴仪,除了保留常规三轴仪的力、位移量测系统外,还在三轴仪压力室内增设了自制的测力传感器和局部位移计,直接量测试样上的力和局部位移,不但提高了试验精度,而且消除了常规三轴仪的系统误差。

2. 采用多级位移测试方法

土的应变范围从 10^{-6} 至 10^{-1} 连续变化,这就要求位移传感器的量测精度在小、中、大三个应变范围内都具有同样的量测精度。显然,仅仅用一个位移传感器是难以达到如此精度的,因此,采用了不同量程的位移传感器,连续测试 10^{-6} 至 10^{-1} 范围内应变的变化过程。

图 5.3 是在同一个试验中,LDT 与外置位移传感器测试的试验曲线对比情况。可以看出,同一个试验过程中,LDT 传感器能够更准确地量测试样小于 0.2% 的应变。

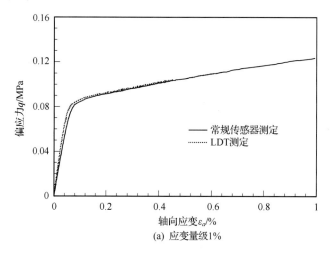

(a) 应变量级1%

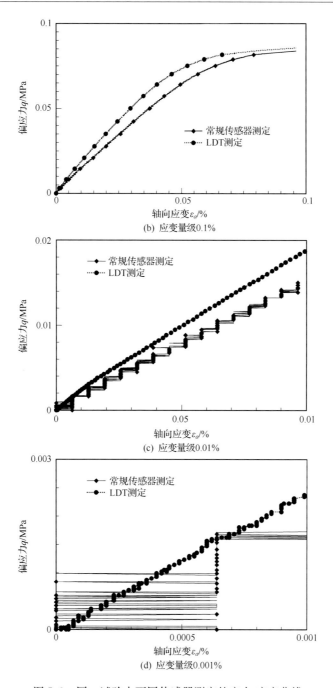

图 5.3　同一试验中不同传感器测定的应力-应变曲线

3. 具有静、动两用功能

三轴仪在液压源设计和伺服控制方面,兼顾大行程与动态两个方面,配置两个伺服阀,既可做静力试验,又可做动力试验;还配置了程控信号发生仪,具备了静动荷载相结合的功能。

4. 自动化程度高

采用一台微机同时实施试验控制和数据采集,并可随时中断;配有数据处理、图形显示、绘图等计算机软件,使试验与分析完全自动化。

5. 便于使用及二次开发

三轴仪结构紧凑、体积小、操作简便,只需一人便可独立完成试验全过程。采用组装式结构,且压力室空间高度比常规三轴仪高 30～45cm,便于进行二次开发。

5.1.3　代表性试验成果

1. 堆石料动力变形的特性研究(孔宪京等,2001a,2001b)

建议了堆石料归一化动剪切模量和阻尼比随剪应变变化的经验曲线,给出了与孔隙比无关的动剪切模量计算参数。在缺少试验资料的情况下,可根据孔隙比直接给出堆石料的动力计算参数,为评价高土石坝等土工构筑物的地震反应提供了参考依据。

2. 堆石料静动耦合试验方法研究(贾革续,2003;孔宪京和贾革续,2004;贾革续和孔宪京,2005)

提出的静动耦合试验方法是深入研究土体静动变形和强度特性,尤其是研究在复杂应力条件下的动力变形特性的一条新途径。采用大型静动三轴仪和静动耦合试验方法,得到了粗粒土在排水条件下,从初始等应力状态到临近剪切破坏状态的(小—中—大)变形全过程。在分析了大量试验数据的基础上,探讨了主应力比 K_c 在永久剪应变产生及发展过程中的作用,并改进了谷口模型,使粗粒土在排水条件下以及不同主应力比时的永久(残余)剪应变,得到了较好的归一特性。

3.堆石料残余变形特性研究(贾革续,2003;贾革续和孔宪京,2005;邹德高等,2008)

研究了堆石料在循环荷载作用下的残余变形特性;并在谷口模型的基础上引入了孔隙比的影响,建议修正了谷口模型。近几年来,又研究了堆石料残余变形的应力水平相关性,在沈珠江提出的残余变形模型的基础上,建议改进了沈珠江残余变形模型,并对不同控制密度的堆石料进行了大量的永久变形试验研究,得到了永久变形参数随孔隙比变化的规律。

4.砂砾料液化及液化后的变形与强度特性研究(徐斌等,2005,2006,2007)

系统地研究了饱和砂砾土的液化及液化后的变形与强度特性,建议了饱和砂砾土在振动荷载作用下的孔隙水压力的发展模式,综合考虑初始有效固结压力、液化安全率和抗液化应力比等影响因素,建立了饱和砂砾料液化后的静加载应力-应变关系的三直线模型,为土工建筑物的有效应力法、地震反应分析和液化后永久变形分析提供了试验和理论依据。

5.城市固体废弃物的静动变形特性研究(孙秀丽,2007;孙秀丽等,2008;赵阳,2010;邹德高等,2011)

分析了城市固体废弃物(MSW)应力-应变关系的特点,建立了双线性应变硬化模型,得到了包括卸载模量和泊松比在内的一套完整模型参数。利用中型动三轴仪,对MSW进行了残余变形试验研究,对MSW的残余变形模型参数进行了拟合。在此基础上,讨论了不同破坏标准下的应力水平对模型参数的影响,建议了适合MSW残余变形模型的应力水平指数,提出了适用于MSW的残余变形修改模型。修改后的模型不必考虑破坏标准对残余变形参数的影响,应用更加方便。

5.2　紫坪铺面板堆石坝筑坝材料的基本物理特性

紫坪铺面板堆石坝的筑坝材料主要为尖尖山(坝轴线上游4.5km岷江右岸)经爆破后上坝填筑而成。坝体分区主要为主堆石料区、次堆石料区及下游堆石料区等10个区域。

5.2.1 颗粒材料的基本物性

紫坪铺面板堆石坝筑坝料为灰岩,以碳酸钙为主;岩块主要为隐晶结构、粒屑结构;矿物成分以方解石为主,其胶结类型均为孔隙式和基底式,而且裂隙发育。筑坝材料按风化程度主要分为强风化石碴料、弱风化石碴料及新鲜石碴料三种。对于母岩饱和抗压强度,弱风化的为 63.48MPa,新鲜的为 76.42MPa;对于软化系数,弱风化的为 0.92,新鲜的为 0.87。本次试验材料是汶川大地震后重新从料场取得,比重为 2.72,颗粒棱角明显,图 5.4 给出了不同级配的颗粒形状。

图 5.4　不同级配的颗粒形状

5.2.2 颗粒级配

试验材料为主堆石料,原始级配曲线采用平均级配曲线(见图 5.5),并根据《土工试验规程》对原始级配进行缩尺。这里采用混合法进行缩尺:先用相似级配法进行缩尺,然后再用等量替代法进行级配缩尺。利用一套孔径大小不同的筛子进行筛分,烘干后根据级配进行配料。

试验级配曲线及各粒径含量分别见图 5.5 和表 5.1。颗粒级配各项参数:有效粒径 $d_{10}=1.12$mm;$d_{30}=6.72$mm;平均粒径 $d_{50}=16.11$mm;控制粒径 $d_{60}=22.40$mm;不均匀系数 $C_u=20.05>5$,表明级配不均匀;不均匀系数 $C_c=1.8\in(1,3)$,表明级配的连续性较好。从参数的范围可以看到,级配满足不均匀和连续性的条件,表明级配良好。

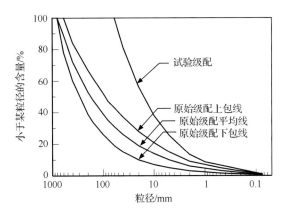

图 5.5　原始级配曲线和大三轴试验级配曲线

表 5.1　试样各粒径含量

粒径/mm	60~40	40~20	20~10	10~5	5~2	<2
含量 /%	18.90	24.77	18.16	12.57	12.12	13.48

5.3　单调加载下的应力和变形特性

5.3.1　试验过程

试验按照《土工试验规程》(中华人民共和国水利部,1999)进行。试样直接装置在底盘上,橡皮膜一端固定于底盘上,利用真空泵抽气使橡皮膜吸附在成模筒上。试验制备采用分层振捣法,共分 6 层,每层 10cm,采用控制干密度成样。橡皮膜厚度为 3mm,橡皮膜弹性模量约为 1000kPa。试样装好后抽真空,使试样保持 30kPa 负压,拆除成模筒。试样饱和采用水头饱和法,试样在 30kPa 围压下先通 CO_2 约 30min,然后再通入无气水,直至试样达到饱和为止。所有试验都经由分级加载等压固结到指定围压。固结稳定后,再进行三轴排水剪切试验,试验剪切应变速率为每分钟 0.10%。试验轴向位移由外部传感器测定,体变通过试样排出水的体积测定,轴向力通过内置力测定。

5.3.2　试验结果

如图 5.6 所示,筑坝料的应力-应变特性表现出明显的非线性。低围压的应力比与轴向应变的关系位于高围压的上侧,且应力-应变在初始阶段较陡,但当应力比较大时,模量迅速衰减。孔宪京等(2001a)对模量随应力水平和应变水平的变化做了详细的研究。从体积变化与轴向应变可以看到,在初始阶段具有较大的排水体缩的能力,围压越大排出的水越多,体缩越明显,但当应力水平达到一定值后出现了体胀。此外,当应变较大时不同围压的应力比都很快地趋近于同一值,但体积变化很难达到临界状态,尤其对出现剪胀的情况。图 5.7 给出了试验后试样的两种典型的破坏形式:形成剪切带和发生鼓胀变形。一般低围压、高密度剪胀明显的试样更易形成剪切带,而高围压、低密度剪缩明显的试样更易发生鼓胀变形。

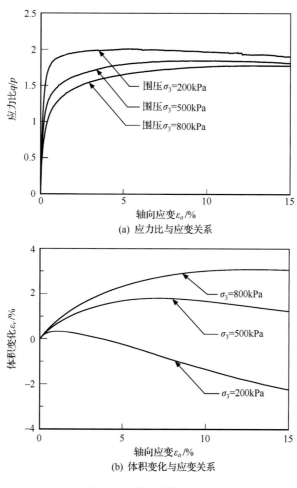

(a) 应力比与应变关系

(b) 体积变化与应变关系

图 5.6　堆石料静力试验

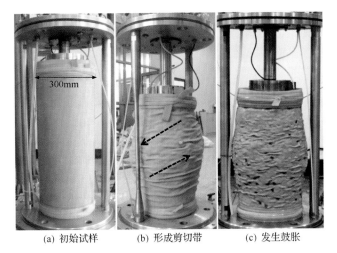

(a) 初始试样　　　　(b) 形成剪切带　　　　(c) 发生鼓胀

图 5.7　试验前后试样形状的代表性图形

5.4　循环加载下的应力和变形特性

5.4.1　循环试验

循环加卸载的试验步骤与单调荷载的试验步骤大致相同,波形为单调加载到一定的固结主应力比(K_c)后进行 50 圈的循环荷载试验。已有的计算和实测结果表明,坝体的应力状态基本是等 K_c 的。其中 $K_c = 2.0$ 是根据紫坪铺面板堆石坝填筑完后的应力状态确定的,围压采用大坝的平均围压,约为500kPa,循环幅值为 $0.8\sigma_3$。剪切过程中力控的电压如图 5.8 所示,力、位移、体变的测量方法与单调试验的测量方法是一致的。

5.4.2　循环荷载试验结果

从 K_c 固结后循环荷载试验结果(见图 5.9)可以看出,变形只在前几圈荷载下比较明显,尤其是在第一圈。当循环次数增大,累计变形增加逐渐变得缓慢。此外,循环前几圈有明显的滞回圈,当循环次数较大时,滞回圈较小,卸载和再加载接近一致。体积变化和轴向应变与循环次数的关系见图 5.10。

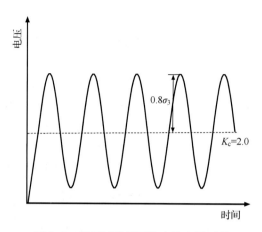

图 5.8　循环试验采用的力控电压时程

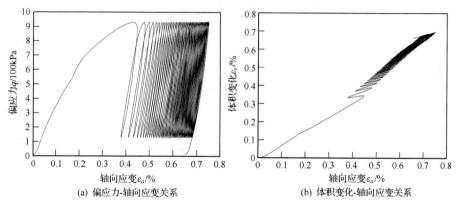

(a) 偏应力-轴向应变关系　　　　　　(b) 体积变化-轴向应变关系

图 5.9　循环荷载下的偏应力-轴向应变及体积变化-轴向应变关系曲线

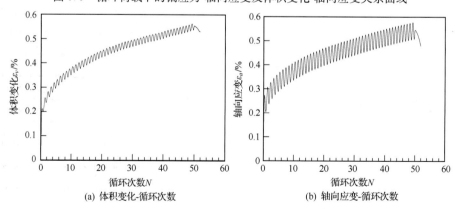

(a) 体积变化-循环次数　　　　　　(b) 轴向应变-循环次数

图 5.10　固结后轴向应变及体积变化与循环次数的关系

5.5　广义塑性模型参数标定

根据紫坪铺面板堆石坝筑坝堆石料大型三轴试验结果和粒子群算法优化方法,确定了改进广义塑性模型的参数,如表5.2所示。堆石料的广义塑性模型参数的含义及确定方法见3.1.4节。

表5.2　紫坪铺面板堆石坝筑坝堆石料的改进的广义塑性模型计算参数

参数	G_0	K_0	M_g	M_f	α_f	α_g	H_0	H_{u0}	m_s
数值	1000	1400	1.8	1.38	0.45	0.4	1800	3000	0.5

参数	m_v	m_l	m_u	r_d	γ_{DM}	γ_u	β_0	β_1
数值	0.5	0.2	0.2	180	50	4	35	0.022

图 5.11 为固结排水剪单调加载试验得到的偏应力-轴向应变、体积变化-轴向应变曲线与广义塑性模型预测曲线的对比,图 5.12 为循环加载试验偏应力-轴向应变、体积变化-轴向应变曲线与广义塑性模型预测曲线的对比。可以看出,改进的广义塑性模型能够较好地反映堆石料的剪胀性、循环累计塑性应变、循环致密及滞回特性。

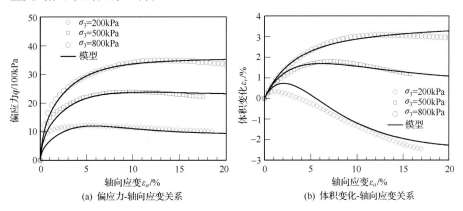

(a) 偏应力-轴向应变关系　　　　(b) 体积变化-轴向应变关系

图 5.11　紫坪铺面板堆石坝筑坝堆石料单调加载试验偏应力-轴向应变及体积
变化-轴向应变关系

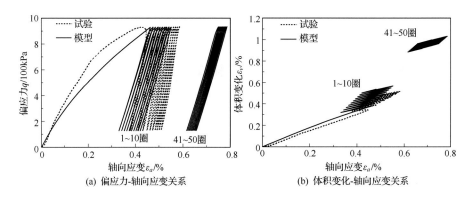

(a) 偏应力-轴向应变关系

(b) 体积变化-轴向应变关系

图 5.12　紫坪铺面板堆石坝筑坝堆石料循环加载试验偏应力-轴向应变
及体积变化-轴向应变关系($\sigma_3 = 500\text{kPa}$)

参 考 文 献

孔宪京,贾革续. 2004. 粗粒土动残余变形特性的试验研究. 岩土工程学报,1:26-30.

孔宪京,贾革续,邹德高,等. 2001a. 微小应变下堆石料的变形特性. 岩土工程学报,23(1):32-37.

孔宪京,娄树莲,邹德高,等. 2001b. 筑坝堆石料的等效动剪切模量与等效阻尼比. 水利学报,(8):
　20-25.

贾革续. 2003. 粗粒土工程特性的试验研究. 大连:大连理工大学博士学位论文.

贾革续,孔宪京. 2005. 土工三轴试验方法——静动耦合试验. 世界地震工程,21(2):1-6.

孙秀丽. 2007. 城市固体废弃物变形及强度特性研究. 大连:大连理工大学博士学位论文.

孙秀丽,孔宪京,邹德高,等. 2008. 城市固体废弃物应力-应变模型研究. 岩土工程学报,30(5):
　726-731.

徐斌,孔宪京,邹德高,等. 2005. 砂砾料液化机理与孔压特性的试验研究. 东南大学学报,35(SI):
　100-104.

徐斌,孔宪京,邹德高,等. 2006. 饱和砂砾料振动孔压与轴向应变发展模式研究. 岩土力学,27(6):
　925-928.

徐斌,孔宪京,邹德高,等. 2007. 饱和砂砾料液化后应力与变形特性试验研究. 岩土工程学报,29(1):
　103-106.

赵阳. 2010. 沈珠江残余变形模型的改进及其应用研究. 大连:大连理工大学硕士学位论文.

邹德高,孟凡伟,孔宪京,等. 2008. 堆石料残余变形特性研究. 岩土工程学报,30(6):807-812.

邹德高,赵阳,徐斌,等. 2011. 城市固体废弃物残余变形特性试验研究. 岩土工程学报,33(4):554-558.

中华人民共和国水利部. 1999. 土工试验规程 SL237—1999. 北京:中国水利水电出版社.

第6章 紫坪铺面板堆石坝施工过程的三维弹塑性有限元模拟

合理评价面板堆石坝在施工期、蓄水期以及地震过程中的应力和变形,对于面板堆石坝的设计和安全运行,具有重要的意义。由于筑坝材料的非线性,地震前大坝的应力状态对筑坝材料的变形特性有较大的影响。因此,在进行动力分析前,必须先要了解大坝在自重和水压力荷载下的应力状态,即静力作用下的应力状态,然后才能确定地震荷载下大坝的动力反应。目前,针对面板堆石坝的施工填筑及蓄水过程的应力和变形分析主要采用邓肯-张 *E-B*(Duncan and Chang,1970)模型。邓肯-张 *E-B* 模型参数的物理意义明确且易于通过室内三轴试验确定,因此为参数确定和计算程序开发积累了丰富的经验。但邓肯-张 *E-B* 模型不能正确反映堆石体的剪胀和剪缩特性,也不能合理地考虑复杂的应力路径,有时模型计算结果误差很大。

本章在 GEODYNA 软件平台上,采用基于广义塑性模型的土石坝三维静、动力弹塑性计算模块,对紫坪铺面板堆石坝的施工和蓄水过程进行了数值模拟,并与实际施工的监测结果进行了对比,验证了弹塑性方法用于高面板堆石坝的施工填筑和蓄水过程应力与变形分析的可行性。

6.1 紫坪铺设计断面

紫坪铺水利枢纽的挡水建筑物为钢筋混凝土面板堆石坝。坝顶高程884.0m,坝顶长663.77m,宽12.0m,最大坝高156m,上游坝坡为1:1.4。下游坝坡高程840.0m马道以上的边坡为1:1.5,840.0m马道以下坝坡为1:1.4。坝后设两级马道,马道宽5.0m。大坝平面布置图如图1.2所示,坝体部分典型断面如图6.1所示。坝体由混凝土防渗面板、垫层区(Ⅱ区)、过渡层区(ⅢA区)、主堆石区(ⅢB区)、次堆石区(ⅢX区)、下游堆石区(ⅢD区)、上游盖重保护体(Ⅳ区),辅助防渗体(ⅣA区)等组成。垫层区水平宽度3m,过渡层区水平宽度5m。坝体下游采用100cm厚干砌石护坡(Ⅳ区)。两岸 1#~10#、40#~49#面板宽度为8m,中间 11#~39# 面板宽度为16m;面板顶部厚度为0.3m,底部与趾板接触处面板厚度为0.85m。图6.2为坝体最大断面。

坝体 0+251 断面及断面沉降监测点布置如图 1.6 所示。表 6.1 给出了监测点具体坐标位置。

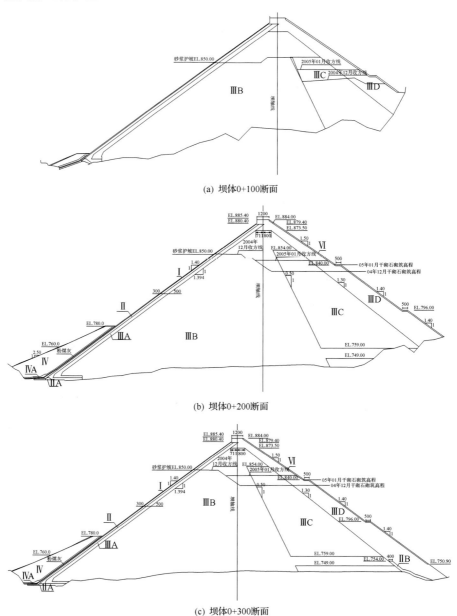

(a) 坝体0+100断面

(b) 坝体0+200断面

(c) 坝体0+300断面

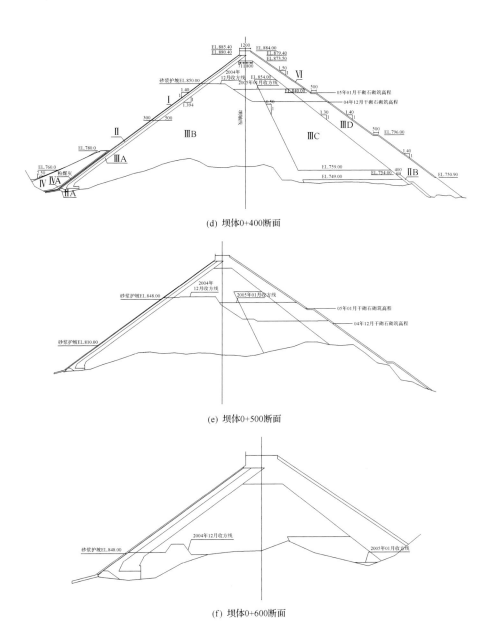

(d) 坝体0+400断面

(e) 坝体0+500断面

(f) 坝体0+600断面

图 6.1　坝体不同位置横断面图

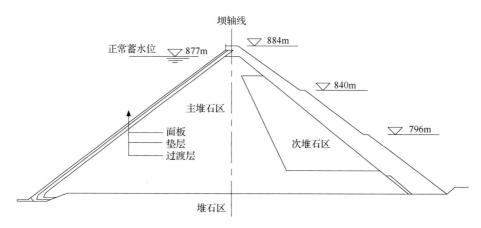

图 6.2　坝体最大断面

表 6.1　大坝沉降测点坐标

监测单元		水平坐标/m										
断面	高程/m	−170	−165	−120	−90	−60	−30	0	30	60	90	120
0+251	760	V1	V2	V3	V4	V5	V6	V7	V8	V44	V45	V46
	790	V9	V10		V11	V12	V13	V14	V15	V47	V48	V49
	820	V16	V17		V18	V19	V20	V21	V50	V51		
	850	V22	V23			V24	V25	V26				
0+371	790	V27	V28	V29	V30	V31	V32	V33	V52	V53		
	820	V34	V35		V36	V37	V38	V39	V54	V55		
	850	V40	V41			V42	V43	V56				

6.2　大坝的填筑和蓄水进度

　　紫坪铺面板坝于 2003 年 3 月 1 日开始填筑,2003 年 12 月大坝一期填筑断面填筑至高程 810.0m;2004 年 7 月 31 日二期断面填筑至高程 850.0m;2005 年 4 月 30 日三期断面左侧填筑至高程 880.0m,2005 年 6 月 16 日三期断面填筑至高程 880.0m。有限元分析填筑过程与实际施工填筑顺序一致,大坝填筑和蓄水进度如图 6.3 所示。

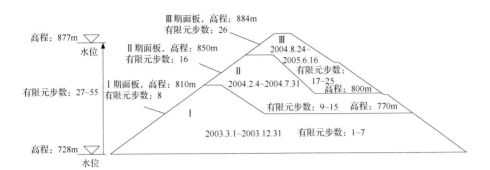

图 6.3　大坝施工填筑过程

6.3　有限元网格

这里采用作者课题组开发的复杂河谷条件的土石坝三维网格自动生成软件 DAMMESHER3D 生成了紫坪铺面板堆石坝三维有限元网格,如图 6.4 所示。模型共有 24098 个单元,每层填筑厚度约 8m。底部边界固定,水压力以面力施加在面板迎水面上。面板、周边缝及垂直缝有限元网格如图 6.5 所示。

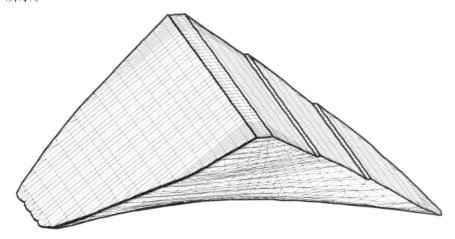

图 6.4　紫坪铺面板坝三维有限元网格

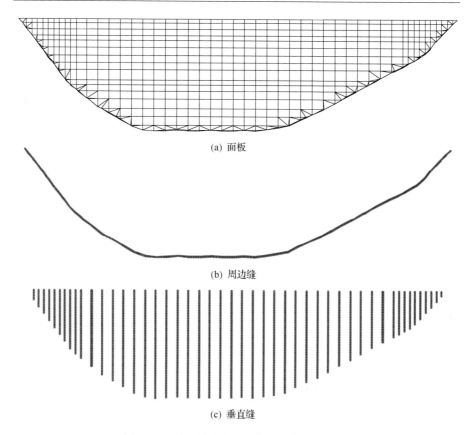

(a) 面板

(b) 周边缝

(c) 垂直缝

图 6.5　面板、周边缝及垂直缝的有限元网格

6.4　材料参数

汶川地震后，大连理工大学工程抗震研究所针对紫坪铺面板堆石坝的主堆石料，开展了大型三轴试验研究（见第 5 章），确定了堆石料广义塑性模型参数，如表 5.2 所示。计算中垫层料、过渡料及次堆石料的参数均取与主堆石料相同的参数。

面板与垫层接触面、面板垂直缝及周边缝采用无厚度 Goodman 单元（Goodman et al.，1968）模拟，如图 6.6 所示，其力和位移关系表示为

$$
\left\{ \begin{array}{c} \Delta F_{zx} \\ \Delta F_{zy} \\ \Delta F_{zz} \end{array} \right\} = \left\{ \begin{array}{ccc} k_{zx} & 0 & 0 \\ 0 & k_{zy} & 0 \\ 0 & 0 & k_{zz} \end{array} \right\} \left\{ \begin{array}{c} \Delta \delta_{zx} \\ \Delta \delta_{zy} \\ \Delta \delta_{zz} \end{array} \right\} \tag{6.1}
$$

式中，ΔF_{zx} 和 ΔF_{zy} 为剪力增量；k_{zx} 和 k_{zy} 为剪切刚度；$\Delta \delta_{zx}$ 和 $\Delta \delta_{zy}$ 为切向位移增量；ΔF_{zz} 为法向力增量；k_{zz} 为法向刚度；$\Delta \delta_{zz}$ 法向位移增量。

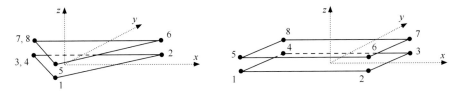

图 6.6　Goodman 单元示意图

　　面板采用线弹性模型，弹性模量 $E = 2.55 \times 10^{10}$ Pa，泊松比 $\nu = 0.167$。面板垂直缝和周边缝压缩刚度取 25000MPa/m，剪切刚度取 1MPa/m。

　　面板和垫层接触面采用双曲线模型（Clough and Duncan, 1971），参见3.2.1 节。

　　张嘎和张建民（Zhang and Zhang, 2008）针对紫坪铺面板与垫层料进行了单调加载和循环加载直剪试验，根据其试验结果确定了双曲线接触面模型参数，如表 6.2 所示。图 6.7 为双曲线模型预测得到的面板与垫层料接触面剪应力-切向位移关系曲线与试验结果的对比情况，可以看出二者吻合得较好。

表 6.2　双曲线接触面模型参数

k_1	n	$\varphi/(°)$	R_f	c/kPa
600	0.85	41.5	0.9	0

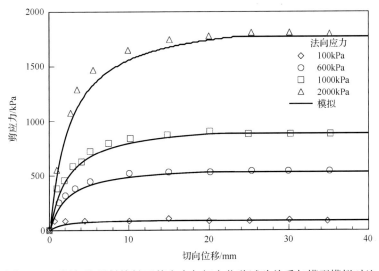

图 6.7　面板与垫层料接触面剪应力与切向位移试验关系与模型模拟对比

6.5　大坝应力和变形分析

6.5.1　测点位移

图 6.8 为三维有限元计算分析得到的竣工期典型测点竖向位移时程与实测结果对比。实际位移监测资料受诸多复杂因素的影响(如堆石料的蠕变、湿化等),而这些因素没有在数值分析中反映出来,因此数值分析的结果与实测结果有一定差别。尽管如此,有限元计算结果与实测值在定性和定量上都吻合得比较好。

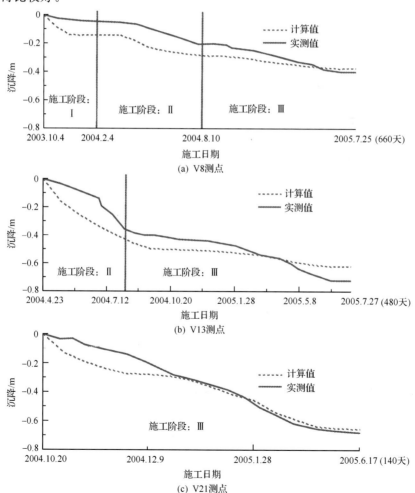

(a) V8测点

(b) V13测点

(c) V21测点

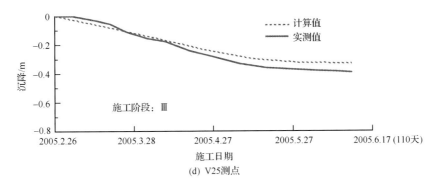

(d) V25测点

图 6.8　典型测点施工过程沉降计算值与实测值对比

6.5.2　大坝整体变形

图 6.9 为竣工期 0＋251 断面水平位移和竖向沉降等值线,计算得到的顺

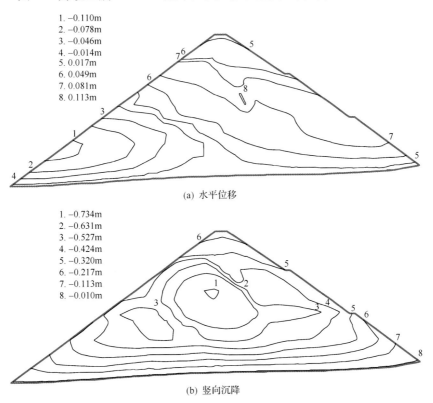

图 6.9　竣工期 0＋251 断面水平位移和竖向沉降等值线

河向最大位移为 11.0cm(向上游)和 11.3cm(向下游);最大沉降为 73.4cm,
位于坝中轴线约 1/2 坝高处。

图 6.10 为竣工期 0+251 和 0+371 断面竖向沉降分布与现场实测结果
对比,计算得到的两个断面沉降值和分布规律与实测结果吻合较好。

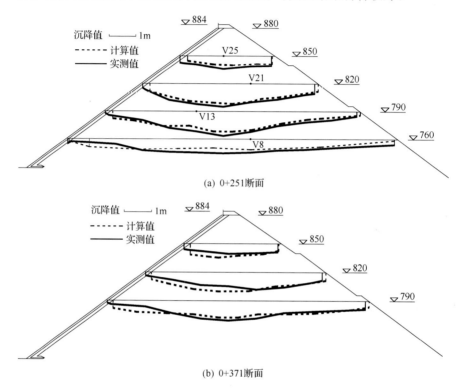

(a) 0+251断面

(b) 0+371断面

图 6.10　竣工期典型断面计算沉降与实测值对比

6.5.3　面板变形与应力

图 6.11 和图 6.12 分别为满蓄期面板挠度和应力等值线图。可以看出,
满蓄时面板最大挠度为 23.1cm,位于河床中部的 2/3 坝高范围内;最大顺坡
向压应力为 11.0MPa,位于河床部位约 1/3 坝高附近;最大坝轴向压应力为
6.4MPa,位于河床中部的 1/2 坝高范围内;面板法向应力与水压力是一致的。

通过对紫坪铺大坝施工及蓄水过程的弹塑性数值模拟分析可以看出,应
力和变形计算的结果不但符合一般规律,而且与实测变形吻合得较好。这表
明,采用堆石料广义塑性模型模拟面板堆石坝施工和蓄水过程是可行的。广

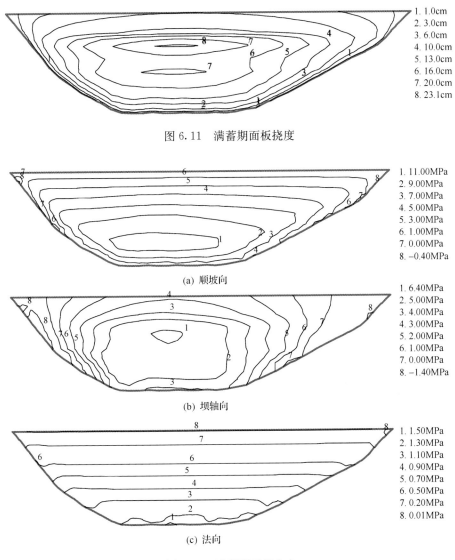

图 6.11　满蓄期面板挠度

(a) 顺坡向

(b) 坝轴向

(c) 法向

图 6.12　满蓄期面板应力

义塑性模型的优点是:既可以模拟单调加载,也可以很好地模拟循环加载,采用一套参数就可模拟岩土工程的静力和动力分析全过程。第 7 章将采用广义塑性模型模拟紫坪铺面板堆石坝在汶川地震中的地震响应和破损现象。

参 考 文 献

Clough G W, Duncan J M. 1971. Finite element analysis of retaining wall behavior. Journal of Soil mechanics and Foundation Engineering, 97(12):1657-1672.

Duncan J M, Chang C Y. 1970. Nonlinear analysis of stress and strain in soils. Journal of the Soil Mechanics and Foundation Division, ASCE, 96(SM5):1629-1653.

Goodman R E, Taylor R L, Brekke, et al. 1968. A model for the mechanics of jointed rock. Journal of Soil Mechanics and Foundations Division, ASCE, 94(SM3):637-659.

Zhang G, Zhang J M. 2008. Unified modeling of monotonic and cyclic behavior of interface between structure and gravelly soil. Soils and Foundation, 48(2):237-251.

第7章 紫坪铺面板堆石坝的三维弹塑性地震反应分析

目前，面板堆石坝的动力反应分析主要采用等效线性模型(Hardin and Drnevich,1972)，并在参数确定和计算程序开发方面积累了丰富的经验，计算得到的加速度反应较为合理(Ming and Li,2003)。但等效线性模型不能直接得到大坝的地震永久变形，需要借助滑动体分析方法(Newmark,1965)或基于应变势(Serff et al. ,1976)的整体变形分析方法，才能计算大坝的地震永久变形；此外，该方法在强震作用下的适用性还有待商榷。

采用弹塑性模型，使用一套参数完成对高面板堆石坝的静、动力弹塑性分析，一直是土石坝数值分析追求的目标之一，因为这样会大大简化计算分析的过程。但对土石坝的三维弹塑性分析，尤其是动力分析面临着诸多困难，如接触问题的处理、计算的稳定性、收敛性和效率等。近年来，作者课题组在这些方面取得了进展，开发了土石坝三维静、动力统一的弹塑性分析软件平台，可完成土石坝的施工、蓄水及地震反应全过程的数值模拟。本章采用该分析软件平台，对紫坪铺面板堆石坝在汶川地震中出现的震害现象进行弹塑性数值分析，并根据数值计算结果，对大坝沉降、面板挤压破坏及二、三期面板施工缝错台等实际地震破坏现象进行对比分析。

7.1 地震动输入

第2章从工程地震角度，论证了茂县地办台站的主震记录可作为紫坪铺面板堆石坝在汶川地震中的地震动输入，地震波时程如图2.21所示，加速度放大倍数反应谱见图7.1。地震动时程的顺河向、竖向与坝轴向峰值加速度均分别调至0.55g、0.37g(水平向峰值的2/3)和0.55g。

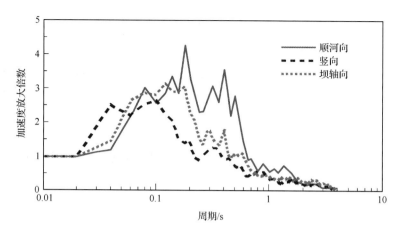

图 7.1　茂县地办基岩实测地震动加速度放大倍数反应谱

7.2　动 水 压 力

动力分析时,要考虑库水作用在面板上的动水压力。本章计算采用 Westergaard(1933)提出的附加质量法考虑动水压力。Westergaard 假设坝为刚性体,地震为简谐运动,水为可压缩流体,并假定坝和坝基只有顺河向运动,推导了直立的上游坝面动水压力公式。倾斜坡面时,每一点动水压力可表示为

$$m_{wi} = \frac{\varphi}{90} \frac{7}{8} \rho \sqrt{H_0 y_i} \tag{7.1}$$

式中,ρ 为水的密度;φ 是面板坝上游坡面与水平面夹角;H_0 为节点 i 距库水底部的高度;y_i 为节点 i 至库水表面的高度。

有限元计算时,动水压力对坝体的影响通过作用于坝水接触面上各节点的动水压力之和来考虑,作用于节点 i 的集中附加质量可表示为

$$m_{wi} = \frac{\varphi}{90} \frac{7}{8} \rho \sqrt{H_0 y_i} A_i \tag{7.2}$$

式中,A_i 为节点 i 的控制面积。

7.3　边界条件和材料参数

本章动力计算时,采用刚性边界,模型底部 x、y 和 z 三个方向均施加约

束。动力计算堆石料采用的模型及其参数与第 6 章一致。

动力计算时,面板与垫层接触面采用理想弹塑性模型,详见 3.2.2 节。

张嘎和张建民(Zhang and Zhang,2008)针对紫坪铺面板与垫层料进行了循环加载直剪试验,根据其试验结果确定了理想弹塑性模型参数,如表 7.1 所示。图 7.2 为理想弹塑性模型预测得到的循环加载情况下面板与垫层料接触面剪应力-切向位移关系曲线与试验结果对比,可以看出两者吻合较好。

表 7.1　理想弹塑性接触面模型参数

k_1	n	$\varphi/(°)$	c/kPa
300	0.8	41.5	0

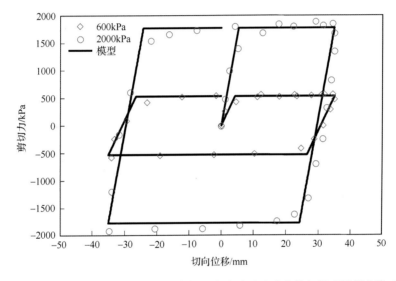

图 7.2　面板与垫层料接触面剪应力与切向位移关系试验曲线与模型模拟曲线对比

对于混凝土的剪切强度,李宏和刘西拉(1992)给出了计算公式:

$$\tau_0 = \frac{1}{2} \cdot \sqrt{f_c f_t} \tag{7.3}$$

对于 C25 混凝土,其轴心抗压强度标准值 $f_c = 16.7\mathrm{MPa}$,轴心抗拉强度标准值 $f_t = 1.78\mathrm{MPa}$,根据式(7.3)计算得到的抗剪强度为 2.73MPa。紫坪铺面板堆石坝有两条水平施工缝,研究表明(Jensen,1975)施工缝剪切强度在静力情况下大约降低 50%,动力情况下进一步降低 30%,因此在静力和动力分析时,施工缝剪切强度分别取为 1.365MPa 和 0.545MPa。

7.4　计算控制参数

动力分析采用的时间步长是 0.01s,非线性迭代采用 Newton-Raphson 法,不平衡力的收敛精度取 1%。在时域内的离散采用广义 Newmark 法。为了求解的无条件稳定,要求 $\beta_2 \geqslant \beta_1 \geqslant 1/2$。在本章的研究中,$\beta_1 = 0.6, \beta_2 = 0.605$。

7.5　动力反应结果分析

7.5.1　加速度反应

计算得到的坝顶中心点加速度时程如图 7.3 所示。顺河向、竖向和坝轴向的最大加速度分别为 $0.82g, 0.54g$ 和 $1.15g$。由于土石料的强非线性,随着激励加速度的逐步增大,加速度沿坝高的分布逐步趋于均匀。国外土石坝的实测地震响应、离心机模型试验以及弹塑性分析的结果也证实了这一趋势。图 7.4 是 1989 年美国 Loma Prieta 地震以及以前若干地震中一些土石坝实测的坝顶和坝基地震响应的对比(Thomas,1998)。坝基地震加速度较小,约 $0.1g$ 时,坝顶加速度超过 $0.2g$,放大系数在两倍以上。但当坝基加速度接近 $0.5g$ 时,坝顶平均加速度略大于 $0.5g$,放大系数接近 1.0。Gazatas(1987)用非线性剪切梁法计算了一座 40m 高的土石坝的地震响应。坝料特性采用了一座实际坝的数据,地震激励采用了 5 条实际地震波,计算的平均结果如图 7.5 所示。结果表明,激励加速度从 $0.2g$ 增至 $0.7g$ 时,坝顶动力放大系数从 2.1 变为小于 1.0。图 7.6 是英国剑桥大学土工试验室在离心机上进行试验的结果。模型为 5 座黏性土坝,用 23 条模拟地震波对模型土坝进行激励,测量了谱加速度的放大系数。图 7.6 中以坝顶沉降量的大小 C 来表示离心机激励加速度的大小。土坝的第一频率为 $6 \sim 7$Hz。当激励加速度较小($C_i = 0.43$mm,$C_{ii} = 0.82$mm, $C_{iii} = 6.7$mm)时,出现共振峰,平均放大系数约为 3.6;当激励加速度很大($C_{iv} = 66$mm)时,谱放大系数只有 1.16。大连理工大学进行的堆石坝振动台试验(模型高度 1.2m)发现,随着激励加速度的逐步增大,坝顶动力放大系数接近于 1.0,如图 7.7 所示。因此,紫坪铺面板堆石坝在 $0.55g$ 峰值加速度的强震作用下,坝顶顺河向放大倍数不大(约为 1.49)是符合一般规律的。

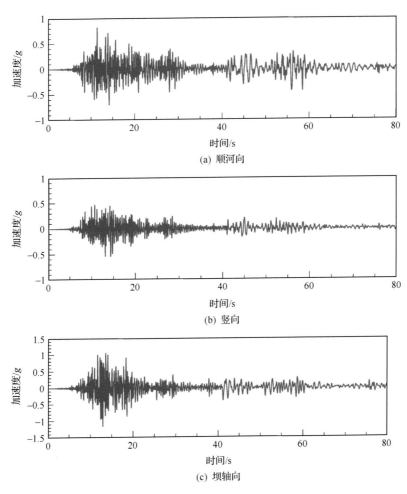

图 7.3　坝顶中心点加速度反应时程

7.5.2　大坝变形

计算得到的坝顶位移时程如图 7.8 所示。地震过程中,大坝变形是不断累计的,坝顶顺河向位移主要向下游发展,竖向沉降逐渐增大。图 7.9 为大坝 0+251 断面顺河向和竖向震后永久变形等值线图,其中顺河向最大永久变形为 0.31m,竖向最大永久变形为 0.77m。图 7.10 给出了大坝 0+251 断面的永久变形计算值与实测值的对比,可以看出,尽管存在着量值差别,但计算得到的震后永久变形与实测值的分布规律是一致的。图 7.11 为大坝 0+251 断

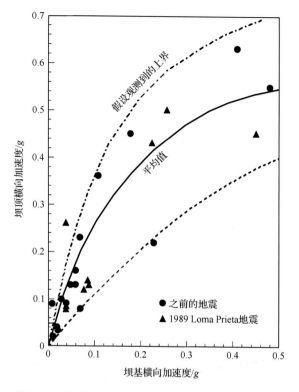

图 7.4　美国若干土石坝实测坝顶和坝基加速度响应

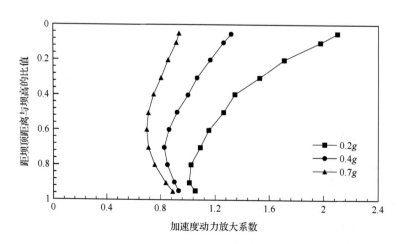

图 7.5　坝内加速度放大系数随激励加速度的变化

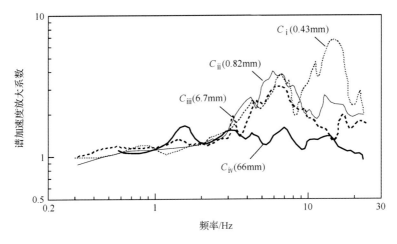

图 7.6　谱加速度放大系数与频率的关系

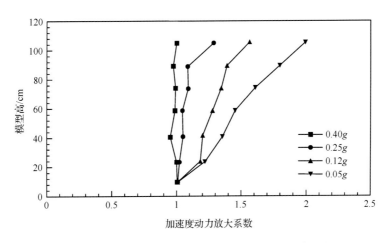

图 7.7　不同激励加速度下模型的加速度动力放大系数

面的塑性剪应变与塑性体应变等值线图,可以看出,地震引起的坝顶部上、下游坝坡塑性剪应变均超过 2.0%。图 7.12 给出了大坝 0+251 断面的典型位置单元的应力路径,可以看出,地震时坝坡浅层更容易发生破坏,这与震后坝顶部坝坡发生堆石体滑移的震害现象(见图 7.13)以及日本东京大学面板堆石坝振动台模型的试验结果(图 7.14)的定性是一致的;此外,坝体大部分区域均表现为体积收缩,仅上下游坝坡顶部的浅层区域表现为体胀,这说明堆石体地震剪缩是土石坝整体变形特性的重要体现。

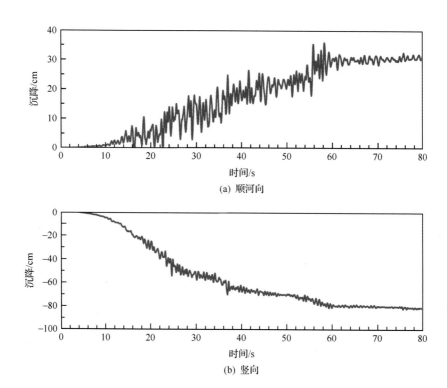

(a) 顺河向

(b) 竖向

图 7.8 坝顶中心点位移时程

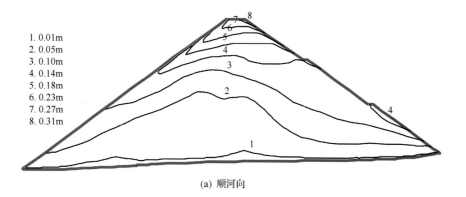

1. 0.01m
2. 0.05m
3. 0.10m
4. 0.14m
5. 0.18m
6. 0.23m
7. 0.27m
8. 0.31m

(a) 顺河向

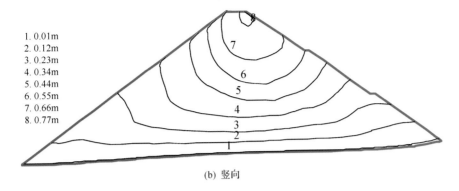

1. 0.01m
2. 0.12m
3. 0.23m
4. 0.34m
5. 0.44m
6. 0.55m
7. 0.66m
8. 0.77m

(b) 竖向

图 7.9　大坝 0+251 断面震后永久变形

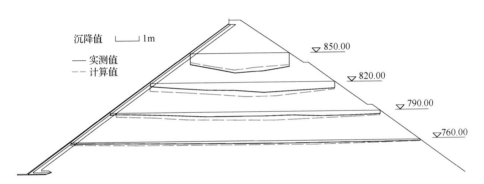

沉降值 ⊢——⊣ 1m

——实测值
- - 计算值

▽ 850.00
▽ 820.00
▽ 790.00
▽ 760.00

图 7.10　大坝 0+251 断面永久变形计算值与实测值对比

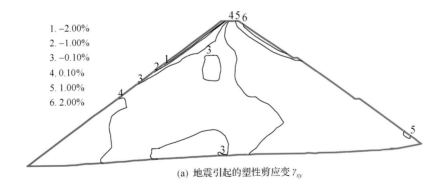

1. −2.00%
2. −1.00%
3. −0.10%
4. 0.10%
5. 1.00%
6. 2.00%

(a) 地震引起的塑性剪应变 γ_{xy}

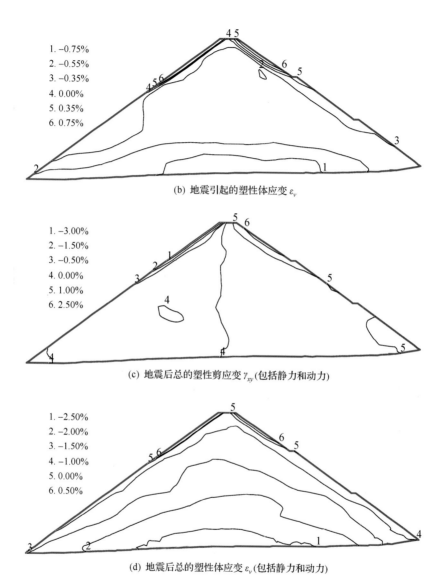

(b) 地震引起的塑性体应变 ε_v

(c) 地震后总的塑性剪应变 γ_{xy}(包括静力和动力)

(d) 地震后总的塑性体应变 ε_v(包括静力和动力)

图 7.11　大坝 0+251 断面的塑性剪应变与塑性体应变等值线图

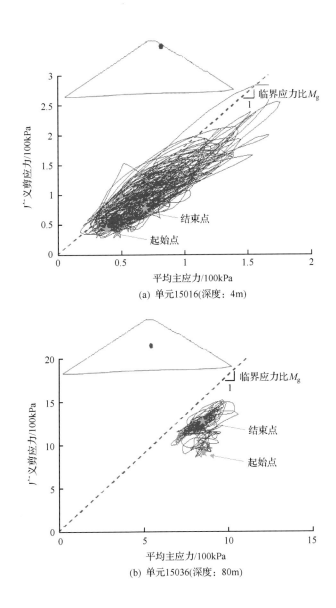

(a) 单元15016(深度：4m)

(b) 单元15036(深度：80m)

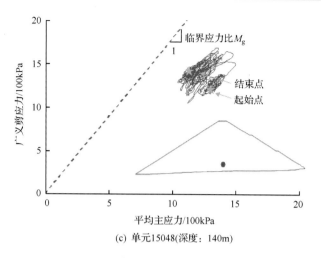

(c) 单元15048(深度：140m)

图 7.12　大坝 0＋251 断面典型单元应力路径

图 7.13　紫坪铺面板坝下游坝坡浅层滑动

7.5.3　面板应力

　　在汶川地震中,紫坪铺面板坝的 23# 和 24# 面板在 790～850m 高程发生了严重的挤压破坏,其原因是由于这一区域面板坝轴向的应力较大。图 7.15 和图 7.16 分别给出了地震时面板坝轴向应力分布和地震后顺坡向应力分布。可以看出,随着地震过程的发展,23# 和 24# 面板在 790～830m 高程区域内坝轴向应力是逐渐累计增加的,地震结束后累计增加的量值已经超过 20MPa,

图 7.14　坝坡面的表层滑动(日本东京大学面板坝模型试验)

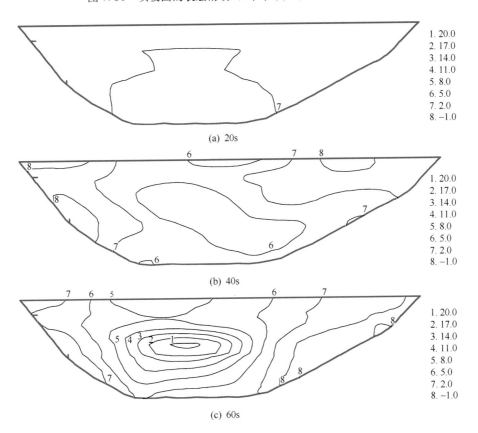

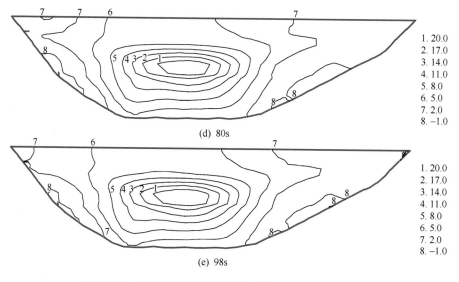

図 7.15　地震过程中面板坝轴向应力(压为正,单位 MPa)

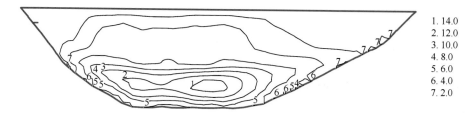

图 7.16　地震后面板顺坡向应力(压为正,单位 MPa)

极易发生破坏,这一结果与震害现象相吻合。此外,顺坡向应力最大达到 14.0MPa,比满蓄期增加了 3.0MPa,这是由于地震过程中堆石体发生的累积沉降变形对面板产生的附加顺坡向摩擦力所引起的。

7.5.4　施工缝错台

汶川地震中,紫坪铺面板坝的二、三期面板发生了严重错台,本章对这一破坏现象进行了数值模拟。图 7.17 为计算得到的地震结束时二、三期面板的施工缝错台分布,最大错台量达到 7.98cm,错台量时程如图 7.18 所示。震后实测最大值达到 17cm,位于靠近左岸的面板区域,计算结果与实测值在量值上有所差别,但量级和分布规律基本一致。

为研究面板水平缝的抗剪强度对其错台量的影响,进行了参数敏感性分

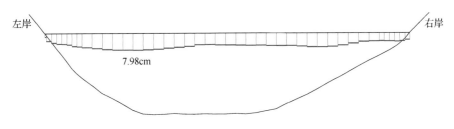

图 7.17　二、三期面板施工缝错台分布

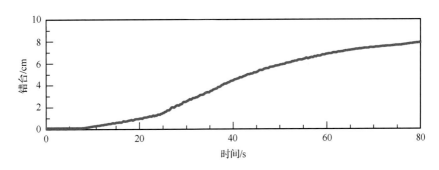

图 7.18　最大错台位置的错台量时程

析。将水平缝的抗剪强度分别取为 1.0MPa、2.0MPa 和 2.73MPa，其他参数不变。地震过程中，面板最大错台量的时程曲线如图 7.19 所示。可以看出，随着面板水平施工缝抗剪强度的提高，面板错台量逐渐变小。当水平施工缝的抗剪强度取 2.73MPa 时，面板没有发生错台。可以认为，增加施工缝处面板配筋，提高面板施工缝的抗剪强度，能有效减轻或避免面板发生错台破坏。

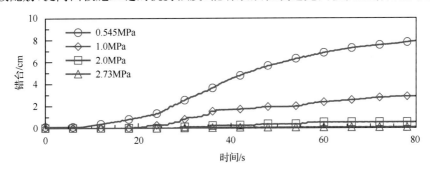

图 7.19　不同施工缝强度时的错台量时程

　　汶川地震发生时，紫坪铺大坝的库水位高程为 828.7m，低于二、三期的面板施工缝高程（845m）。为了分析地震时水位对紫坪铺面板堆石坝面板错台

的影响,计算了地震时水位为 878m 的情况,其他参数保持不变,最大错台位置的累积时程曲线如图 7.20 所示。可以看出,若汶川地震时水位为 878m(满蓄)时,二、三期面板施工缝的最大错台量仅为 0.91cm,说明地震时库水位对面板错台的影响较大。当水位较低时,由于没有水压力的约束作用或约束较小,面板薄弱处容易发生错台;水位较高时,大坝虽然遭受强震作用,但大坝三期面板受指向下游的水压力约束,面板相对不易错动。但值得注意的是,高水位情况,一旦面板施工缝发生贯穿性错台,将会导致大坝发生渗漏现象,从而降低大坝的稳定性。因此,不管高水位还是低水位,面板错台破坏均要引起重视。

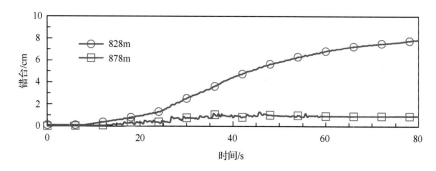

图 7.20　不同水位最大错台量时程

此外,还分析了施工缝角度对面板错台的影响,将二期与三期面板的施工缝方向改为垂直于面板,其他参数不变,如图 7.21 所示。施工缝方向垂直于面板后,计算得到的震后二、三期面板施工缝处的错台量仅为 0.11cm(见图 7.22),这说明混凝土面板施工缝的方向对混凝土面板的错台破坏有较大影响。虽然大坝堆石体的永久变形导致了大坝产生了整体沉陷,使得面板受到向下的摩擦力作用,但是由于施工缝方向垂直于面板,二期面板对上部三期面板向坝面外的变形(位移)起到了较大的抑制作用,面板难以发生较大位移的错台现象。因此,为了能有效减轻强震时面板的错台现象,面板施工缝应垂直于面板。

综合以上计算结果可以看出,采用基于筑坝堆石料广义塑性模型的三维土石坝弹塑性分析方法和软件平台,实现了对紫坪铺面板堆石坝施工和蓄水以及地震破坏现象的全过程数值模拟;计算结果与实测资料接近,较好地再现了汶川地震中紫坪铺面板堆石坝坝体震陷、面板施工缝错台、面板挤压破坏等震害现象,这对理解土石坝的地震灾变行为,完善土石坝抗震安全评价方法与抗震措施有重要意义。

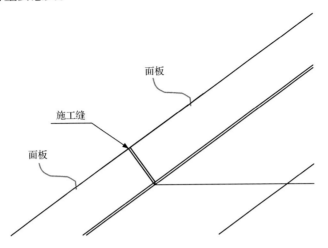

图 7.21　施工缝垂直于面板示意图

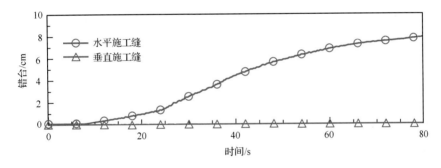

图 7.22　最大错台位置错台量时程

参 考 文 献

李宏,刘西拉. 1992. 混凝土拉、剪临界破坏及纯剪强度. 工程力学,9(4):1-9.

Gazetas G. 1987. Seismic response of earth dams:Some recent developments. Soil Dynamics and Earthquake Engineering,6(1):2-47.

Hardin B O, Drnevich V. 1972. Shear modulus and damping in soils. Journal of Soil Mechanics and Foundation Division,98(7):667-692.

Jensen B C. 1975. Lines of discontinuity for displacements in the theory of plasticity of plain and reinforced concrete. Magazine of Concrete Research,27(92):143-150.

Ming H Y,Li X S. 2003. Fully coupled analysis of failure and remediation of Lower San Fernando Dam. Journal of Geotechnical and Geoenvironmental Engineering,ASCE,129(4):336-349.

Newmark N M. 1965. Effects of earthquakes on dams and embankments. Geotechnique, 15(2): 139-160.

Serff N, Seed H B, Makdisi F I, et al. 1976. Earthquake induced deformations of earth dams, Report No. EERC 76-4. Berkeley: University of California.

Thomas L H. 1998. The Lorna Prieta, California, earthquake of October 17, 1989-earth structures and engineering characterization of ground motion. Washington: United States Goverment Pringting Office.

Westergaard H M. 1933. Water pressures on dams during earthquakes. Transactions of the American Society of Civil Engineers, New York.

Zhang G, Zhang J M. 2008. Unified modeling of monotonic and cyclic behavior of interface between structure and gravelly soil. Soils and Foundation, 48(2): 237-251.